湖南城市学院"双一流"学科文库

饮用水
输配安全与智慧管理

YINYONG SHUI
SHUPEI ANQUAN YU ZHIHUI GUANLI

◎ 池年平 著

中南大学出版社
www.csupress.com.cn
·长沙·

前　言

　　饮用水是人类生存必需的物质资源，饮用水水质安全已经成为影响人类生存与健康的重大问题，全世界都在不断提高饮用水的质量标准。水质标准的提高，必然导致实际水源水质与水质需求之间的矛盾更加突出，从而对水源保护、水质净化和安全输配提出了更高的要求。管网安全输配是最后的一环，也是最复杂的一环，必须保证供水畅通，水质不受污染，确保满足用户对水量和水压的要求。饮用水输配系统作为城市饮用水系统的重要组成部分，是现代社会进步和可持续发展的重要基础设施，因此，研究饮用水安全输配技术及其智慧管理、确保管网输配环节用水安全具有重要意义。

　　本书针对饮用水输配安全和智慧管理这一核心问题，以作者近年来在饮用水水质安全和智慧管理等方面的主要工作为基础，结合国内外本领域的研究与应用进展，系统针对我国饮用水水源水质的紫外线消毒生物安全性和系统可靠性，提出紫外线消毒后管网水质微生物稳定性特征；研究了紫外线后接化学消毒剂对水中 AOC 和三维荧光特性的影响；系统研究了不同消毒剂浓度和不同组合方法管网水质的生物稳定性；探讨了 Cl_2/UV 组合构建 AOP 去除有机物和消毒副产物的可行性；构建饮用水紫外线消毒多级屏障框架。本书可作为给排水科学与工程、环境工程等领域的研究人员、大专院校师生和企业工程技术人员的参考书。

　　本书由湖南城市学院池年平编写，全书共分 7 章，第 1 章介绍了饮用水输配水系统的组成及存在的主要问题、水质标准和安全消毒技术以及管网水质评价体系；第2章介绍了试验方法和检测指标；第3章介绍了UV+氯基消毒剂对有机物的影响；第4章介绍了模拟管网UV组合消毒安全性试验研究；第5章介绍了 Cl_2/UV/氯胺多级屏障消毒方法试验研究；第6章介绍了输配水管网管壁生物膜特性研究；第7章介绍了饮用水管网智慧管理的技术基础和模型。

本书为湖南城市学院"双一流"学科文库，得到了湖南省村镇饮用水水质安全保障工程技术研究中心（2019TP2079）的支持。

本书虽经多次修改，但由于编者水平有限，书中难免有疏漏和不妥之处，恳请广大读者和专家批评指正。

作者
2022年6月

目 录

第1章 绪 论 ……………………………………………………… 1

  1.1 饮用水输配水系统组成 1

    1.1.1 饮用水输配水系统的功能 1

    1.1.2 饮用水输配系统组成 2

  1.2 饮用水输配水系统存在的主要问题 3

    1.2.1 城市管网系统的水质问题 3

    1.2.2 二次供水系统的水质问题 4

  1.3 饮用水水质标准 5

  1.4 饮用水安全消毒技术 6

    1.4.1 传统消毒技术及面临的挑战 6

    1.4.2 基于紫外线的饮用水安全消毒技术 10

  1.5 给水管网水质问题 13

    1.5.1 给水管网水质的化学稳定性 14

    1.5.2 给水管网水质的微生物稳定性 14

    1.5.3 消毒剂余量与管网水质的关系 15

  1.6 水质化学稳定性评价体系 16

    1.6.1 铁释放的机理和影响因素 17

    1.6.2 化学稳定性评价体系 19

  1.7 水质生物稳定性评价体系 20

1.7.1 水的生物稳定性评价指标 21

1.7.2 生物稳定性评价指标的比较 24

1.8 给水管网系统的管壁生物膜 26

1.8.1 饮用水管网系统的微生物种类及其研究方法 27

1.8.2 饮用水管网系统微生物生长的影响因素 30

第2章 试验方法和检测指标 32

2.1 研究目的及主要研究内容 32

2.1.1 研究目的 32

2.1.2 主要研究内容 33

2.2 试验材料和试验方法 34

2.2.1 氯胺溶液的配制 34

2.2.2 二氧化氯溶液制备 34

2.3 水质指标及其分析方法 35

2.3.1 浑浊度 35

2.3.2 紫外线吸光度(UV_{254}) 35

2.3.3 总有机碳(TOC)及溶解性有机碳(DOC) 35

2.3.4 生物可同化有机碳(AOC) 35

2.3.5 生物可降解有机碳(BDOC) 38

2.3.6 异养菌(HPC)计数 39

2.3.7 细菌生长潜能(BGP) 39

2.3.8 三维荧光光谱分析(3D-EEM) 40

2.3.9 有机物分子量分布 41

2.3.10 微生物组成的测定 43

2.3.11 原子力显微镜(AFM) 43

2.3.12 扫描电子显微镜(SEM) 43

2.3.13 余氯 44

第3章 UV+氯基消毒剂对有机物的影响 46

3.1 试验材料和试验方法 47

3.1.1 试验水样 47

3.1.2　准平行光束仪　48

3.1.3　试验方法　48

3.1.4　AOC 的测定　50

3.2　不同消毒工艺对水中 UV_{254} 的影响　50

3.3　不同消毒工艺对水中 AOC 的影响　52

3.3.1　紫外线照射对 AOC 的影响　52

3.3.2　氯与 UV+氯消毒对水中 AOC 的影响　54

3.3.3　氯胺与 UV+氯胺消毒对 AOC 的影响　57

3.3.4　ClO_2 与 UV+ClO_2 对 AOC 的影响　59

3.4　不同消毒工艺对水中有机物荧光特性的影响　61

3.5　本章小结　66

第 4 章　模拟管网 UV 组合消毒安全性试验研究 ················ 68

4.1　UV+氯基消毒剂灭活悬浮菌效果试验研究　68

4.1.1　试验装置　68

4.1.2　试验方法　69

4.1.3　消毒效果评价方法　70

4.1.4　不同消毒剂浓度对主体水 HPC 的灭活效果比较　71

4.1.5　UV+化学消毒剂组合消毒对主体水 HPC 的灭活效果　77

4.2　不同消毒方式对管壁生物膜 HPC 的灭活效果研究　78

4.2.1　化学消毒对生物膜 HPC 的灭活效果　79

4.2.2　UV+化学消毒剂组合消毒对生物膜 HPC 的灭活效果　81

4.2.3　不同消毒剂种类对生物膜 HPC 的灭活效果比较　82

4.3　模拟管网水质沿程变化规律研究　82

4.3.1　试验装置　83

4.3.2　试验方法　83

4.3.3　主体水和生物膜微生物的生长曲线　84

4.3.4　模拟管网浑浊度变化规律　84

4.3.5　试验管网水 pH 的变化规律　85

4.3.6　模拟管网有机物沿程变化规律　87

4.3.7　余氯的变化规律　89

4.3.8 HPC 的变化规律及影响因素分析 90

4.3.9 BRP 的变化规律 92

4.4 本章小结 93

第 5 章 Cl₂/UV/氯胺多级屏障消毒方法试验研究 ……………… 96

5.1 饮用水多级屏障消毒理论与架构 97

5.1.1 多级屏障消毒理论 97

5.1.2 消毒多级屏障的基本架构 97

5.2 Cl₂/UV 组合 AOP 的理论基础 98

5.3 Cl₂/UV 氧化 AOC 的试验研究 99

5.3.1 试验水样 99

5.3.2 Cl₂/UV 反应试验装置 99

5.3.3 试验流程 100

5.3.4 试验结果 100

5.4 Cl₂/UV/氯胺模拟管网水质变化研究 102

5.4.1 试验装置 102

5.4.2 试验方法 102

5.4.3 HPC 的变化规律 102

5.5 本章小结 104

第 6 章 输配水管网管壁生物膜特性研究……………………………… 105

6.1 生物膜 SEM 形貌特征 106

6.2 生物膜原子力显微镜观察 109

6.2.1 生物膜培养 109

6.2.2 原子力显微镜观察 109

6.2.3 生物膜粗糙度评价 109

6.3 生物膜的分子量分布 114

6.4 生物膜的三维荧光物质分析 115

6.5 供水管网管壁生物膜生物多样性研究 117

6.5.1 试验材料 118

6.5.2 试验方法 118

6.6　本章小结 123

第7章　饮用水管网智慧管理 125

7.1　饮用水管网智慧管理技术基础 125

7.1.1　地理信息系统 125

7.1.2　监视控制和数据采集系统与物联网 126

7.2　饮用水管网水力模型 127

7.2.1　饮用水管网水力模型概述 127

7.2.2　饮用水管网水力模型的应用 131

7.2.3　数据收集与水力建模过程 132

7.2.4　饮用水管网建模技术 136

7.2.5　饮用水管网模型校验 138

7.3　饮用水管网水质模型 141

7.3.1　饮用水管网水质模型概述 141

7.3.2　饮用水管网水质模型建立 144

7.4　本章小结 146

参考文献 147

第 1 章
绪　论

1.1　饮用水输配水系统组成

给水系统是保证城镇、工业企业等用水的一系列构筑物和输配水管网组成的系统，其任务是从水源取水，按照用户对水质的要求进行处理，然后以一定的水压将水输送到用水区，并向用户配水。它包括取水工程、水处理工程和输配水工程三大块，其中，输配水工程显得尤为重要，其主要特点为：①工程投资大，输配水系统占总投资的 70%~80%。②能源消耗大，输配水系统所消耗的能源占整个给水系统能耗的绝大部分。③管理复杂。输配水系统由管道、阀门和泵站组成，长期埋设在地下，分布在城市的各个角落，历经沧桑，存在着各种问题，比如：管网漏损严重，很多城市给水系统的水量漏损率都在 15% 以上，爆管事故频发；虽然管网逐年修建，但还是缺乏统一的规划布置，部分地区水压、水量不足，部分地区超压；管网老化严重，导致管网水水质比出厂水水质明显下降，如浑浊度明显升高，管网水的细菌数量比出厂水明显增多。因此，如何保障饮用水输配水工程环节的水质安全是一个重要的研究课题。

1.1.1　饮用水输配水系统的功能

饮用水输配水系统首先要保持结构完整，即管道、管件及附属构筑物不能出现结构上的破坏，然后在结构完整的基础上通过优化管道尺寸、增设水质提升设施和消毒设施来实现水力保障和水质安全，即输配水工程的经济性、可靠性和安全性。

从饮用水安全性角度来说，管网供水安全应从水量、水压和水质三方面来考虑，即具有水量、水压和水质保障功能。

①水量保障，是指水厂及时可靠地提供满足用户需求的用水量，即通过用水量规划设计和输配水管网系统优化调配，使得用水量满足用户需求。

②水压保障，是指向用户提供符合标准的用水压力，使用户在任何时间都能取得充足的水量，即通过加压水泵或减压阀等调节设施进行压力管理，以保证用水设施安全和用水舒适。

③水质保障，是指向用户提供符合水质标准的水，即通过设计和优化运行输配水管网系统，有效控制水质变化，把经过水厂净化处理后合格的饮用水输送给用户，并保证末端水质达到或超过饮用水标准。

1.1.2　饮用水输配系统组成

整个给水系统分为取水工程、水处理工程和输配水工程三大子系统。

①取水工程：从水源取水，利用取水构筑物、提升泵站和输水管渠把满足水源标准的源水输送到水处理设施。

②水处理工程：利用各种物理、化学、生物等水质处理技术和设施对源水进行处理，包括絮凝、沉淀、过滤、消毒等常规处理和深度处理、预处理。

③输配水工程：包括输水管渠、配水管网、调节构筑物等，其中调节构筑物的功能包括调节水量（清水池、水塔）、调节水质（二次加氯、消毒副产物消除设施）和调节水压（泵站、减压阀）等。

输配水工程子系统主要包括以下内容：

a. 输水管渠：指在较长距离内输水的管道或渠道。一般不沿线向外供水，包括从水源将源水输送到水厂的源水输水管渠和从水厂将清水输送到供水区域的清水输水管渠。

b. 配水管网：分布在供水区域的配水管网由主干管、干管、支管、连接管和分配管等构成，包括消火栓、阀门和监测仪表等附属设施，以保证消防供水、生产调度、故障处理和维护保养等需要。

c. 泵站：泵站为流体提供能量，以克服水头损失，保障用户所需水压。给水系统中的泵站包括取水泵站、送水泵站、增压泵站、调蓄泵站和翻水泵站等。

d. 调节构筑物：包括清水池和水塔（高位水池）等水量调节构筑物。它调节供水与用水的流量差值，还可以储存水厂自用水、消防用水等。水塔(高位水池)兼有保证水压的作用。根据城市地形特点，水塔(高位水池)可设在管网前端、中端或者末端，分别构成网前水塔、网中水塔和对置水塔。

　　e.水质调节设施：当管网较长时，管网中的余氯可能较低，此时可以在加压泵站中的调节水池中补充消毒剂，用以调节由于水体在管网中停留时间过长而造成的水质下降。

1.2　饮用水输配水系统存在的主要问题

1.2.1　城市管网系统的水质问题

　　出厂水的水质很好，但经过供水管网到达用水末端，其水质不可避免地变差。引起水质变差的原因是多方面的，如管网的结构缺陷、管网运行管理存在的不足，同时也有出厂水自身水质稳定性的原因。水质稳定性包括生物稳定性和化学稳定性两个方面。常见的投诉问题为水压不足和水质较差，而水质问题在管网末端比较常见，余氯在管网中的衰减导致余氯浓度下降，使得水中细菌繁殖，影响水质。另外，悬浮颗粒物在管网中积累，导致水的浑浊度、色度上升，且管网末端的用水量不大、流速小，导致管网中出现红水和黄水。

　　我国南方地区地表水具有低硬度、低碱度的特点，水质化学稳定性差，腐蚀性的水体会对管网内壁产生腐蚀，导致管道寿命缩短，管材维护、更换费用增加。金属管道产生的腐蚀产物聚集在管道内壁，导致管道有效过水断面减小，管道水头损失增大，管道输水能力降低，能耗增大。管道内壁腐蚀产物的释放，会使水质恶化，引起浑浊度上升，出现黄水现象，消耗消毒剂。管道内壁水泥砂浆等非金属保护层均可受水体的侵蚀，而内衬脱落会导致管网水浑浊度上升，从而影响水质。

　　管道腐蚀对给水管网水质的影响较大，主要表现为管壁及其沉积物对消毒剂的消耗、管材组分脱离到水中与水中的消毒剂反应。在铸铁管网中，研究pH、碱度和正磷酸盐对控制铁离子脱离的影响时发现，铁离子脱离与水的浑浊度关系紧密，铁离子脱离对碱度变化很敏感。铁质管道的腐蚀对水质具有不利影响：消耗水中的消毒剂，增加管壁粗糙度，增大水头损失；为微生物提供栖息场所,溶出的 Fe^{3+} 和磷是微生物生长的营养物质,能促进生物膜生长;铁锈表面脱落的胶体会增加水的浑浊度、影响水的色度指标,铁锈的发展同样会破坏管道本身,导致结构性破损。

给水管网水质变化除了与管网腐蚀有关外,还与管网水质参数有关,比如在管网水输送过程中余氯下降、浑浊度和消毒副产物增加,会导致管网中水质变差,体现为生物稳定性和化学稳定性变差。在大规模供水管网中,从水厂到用水点距离较远,管网末端可能余氯不足,一般通过在中途泵站投加消毒剂来保障用水点的余氯浓度。保持管网中一定的余氯可以在一定程度上抑制细菌繁殖,但是并不能完全控制水中微生物的增长。引起管网中细菌增长的两个原因:一是出厂水中不可避免地含有一定的有机营养基质,在消毒剂的氧化分解作用下,裂解成微生物可以利用的小分子有机物,体现为水中生物可同化有机碳(AOC)浓度升高;二是供水管网中微生物的重新生长繁殖,尽管自来水厂投加一定的消毒剂灭活了绝大多数病原菌,同时保持管网中一定的余氯量(0.05 mg/L)来控制微生物增长,但是出厂水中不可避免地存在细菌,且一部分在消毒过程中受伤的细菌也会在管网中自我修复、重新生长,当管网水中存在可生物降解有机物时,这些残存的细菌就能获得营养重新生长繁殖,从而导致管网中水质变差。

1.2.2　二次供水系统的水质问题

二次供水系统是整个城市供水系统中的最终环节,是市政给水管网在小区用户管网的最后延伸部分,也往往是最容易出现问题、导致水质下降最严重的环节。二次供水的水箱容积具有水量调节的作用,但是由于管理和设计的问题,存在二次污染的风险。如:贮水池容积偏大,水停留时间过长,导致余氯浓度太低,微生物繁殖;水箱密封性不严,空气中灰尘飘落积累;强光照射滋生藻类;长时间不清洗,水箱壁上滋生黏垢;泄水管和溢流管等与污水管连通,生活饮用水与消防用水公用蓄水池工艺设计不合理,存在死水区。这些因素都会导致红虫及肉眼可见物出现、浑浊度及色度升高、余氯下降等水质问题。

1.3　饮用水水质标准

　　饮用水水质安全一直是人们关心的首要问题。人们对水质和健康关系的认识存在一个过程。起初，对于饮用水对人体健康的影响，人们主要关心的是致病微生物。但随着科学技术的进步和生活质量的提高，人们开始关心饮用水中污染物对健康的慢性影响，并通过不断改进处理工艺来达到水质标准。水质标准的建立和修订与水处理工艺的改进升级是一个与时俱进的过程。

　　水质标准的修订是随着微量分析化学和生物检验技术的进步而不断完善的，根据对世界各国水质标准现状的分析，世界卫生组织(WHO)《饮用水水质准则》、欧盟《饮用水水质指令》及美国环保局(USEPA)《美国饮用水水质标准》是各国修订标准所参照的基础，这三部标准的制定原则和重要的水质参数反映了当今饮用水水质标准的特点。世界卫生组织《饮用水水质准则》(以下简称《准则》)于 1956 年起草、1958 年公布，并于 1963 年、1984 年、1986 年、1993 年、1997 年进行了多次修订补充。《准则》提出了污染物的推荐值，说明了各卫生基准值确定的依据和资料来源，就社区供水的监督和控制进行了讨论，是国际上现行最重要的饮用水水质标准之一，并成为许多国家和地区制定本国或地方标准的重要依据。《准则》包括感官物理指标 31 项、微生物指标2 项、无机物指标 24 项、有机物指标 31 项、农药指标 41 项、消毒剂及消毒副产物指标 28 项、放射性指标 2 项。欧盟《饮用水水质指令》(以下简称《指令》)于 1980 年提出，并于 1991 年、1995 年、1998 年进行了多次修订，现行标准为 98/83/EC 版。《指令》虽然只有 48 项(包括感官物理指标 15 项、微生物指标 5 项、无机物指标 13 项、有机物指标 9 项、农药指标 2 项、消毒剂及消毒副产物指标 2 项、放射性指标 2 项)，但是由于欧洲源水水质较好，该 48 项指标可以与 WHO 的《准则》保持较好的一致性，目前已成为欧洲各国制定本国水质标准的主要框架。USEPA《美国饮用水水质标准》(以下简称《标准》)于 2001 年 3 月颁布，2002 年 1 月 1 日起执行。《标准》包括感官物理指标 15 项、微生物指标 7 项、无机物指标 16 项、有机物指标 3 项、农药指标 19 项、消毒剂及消毒副产物指标 7 项、放射性指标 4 项。《标准》的一个突出特点是对微生物危害人体健康的风险予以高度重视，微生物指标数多达 7 项。

1959 年，我国诞生的第一个饮用水水质标准涵盖 16 项水质指标；1976 年，饮用水水质指标增加至 23 项，重金属等毒理学指标被列入标准；1985 年，《生活饮用水标准》(GB 5749—1985)共有 35 项指标；2001 年，卫生部颁布《生活饮用水卫生规范》将水质指标增加至 96 项；2006 年 12 月，卫生部和国家标准化管理委员会联合发布的《生活饮用水卫生标准》(GB 5749—2006)将水质指标数量提高至 106 项；2022 年 3 月 15 日发布的《生活饮用水卫生标准》(GB 5749—2022)将于 2023 年 4 月 1 日起在我国正式实施，对感官指标、消毒副产物更加重视。然而，与当今国际三大水质标准相比，我国的水质标准和行业水质目标无论从项目的数量上还是从项目的指标值上，都有较大的差距，主要体现在水质风险管理意识不足、微生物管理指标有待加强等方面。

1.4 饮用水安全消毒技术

1.4.1 传统消毒技术及面临的挑战

消毒是饮用水处理过程中必不可少的环节，也是保障供水水质安全的重要屏障。消毒的首要目标是保障饮用水的微生物安全性，不仅包括灭活饮用水中的病原微生物(细菌、病毒、原生动物等)，还包括控制输配水过程中微生物的再生长以及控制管壁微生物生长。微生物的灭活主要靠投加消毒剂得以实现，消毒剂浓度(C)与接触反应时间(T)是影响消毒效果的关键因素。

根据消毒剂投加点的不同，消毒通常可以分为预消毒与二次消毒。预消毒通常在进厂处投加消毒剂，主要是为了灭活源水中的微生物与藻类，从而避免其在调节构筑物中生长繁殖。二次消毒通常在清水池入口投加消毒剂，一方面是为了灭活滤后水中残留的微生物，另一方面是为了在管网系统中维持一定的消毒剂余量，从而避免与控制微生物在管网中的再生长与繁殖。

欧洲国家的主流观点是如果源水水质足够好，在饮用水处理过程中能将水中的微生物完全灭活，并将水中微生物生长的有机营养源降到足够低的浓度、提高出厂水水质生物稳定性，同时强化管网运行维护，是不必再进行二次消毒的，而且在许多欧洲国家确实是这样实施的。但是美国、中国等绝大多数国家认为，二次消毒是控制管网系统中微生物再生长与管壁生物膜形成、保障饮用水微生物安全性的重要手段。对发展中国家而言，目前并不具备足够的资金对水厂工艺和管网系统进行大规模更新升级与改造，因此难以从根本上提高水质生物稳定性并控制管网生物繁殖与生物膜生长。在这种条件下，二次消毒是保障饮用水微生物安全的经济有效的必备方案。

从处理目标来看，消毒主要是为了灭活水中的细菌、病毒、原生动物等。同时，灭活源水中的藻类、红虫等微生物是对进厂水进行预消毒的重要目的，而抑制微生物再生长、控制输配水系统管壁生物膜的形成与生长是二次消毒的主要作用。另外，从水厂工艺角度而言，预消毒是去除水中铁、锰、嗅和味、色度等污染物的过程，并能在一定程度上改善混凝、沉淀与过滤效果。

从消毒种类来看，目前使用比较广泛的饮用水消毒剂包括氯、氯胺、二氧化氯、臭氧、紫外线等。整体而言，各种消毒剂各有其优缺点，且不同类型微生物对消毒剂的耐受性并不相同，因此在工程实践中应对不同消毒工艺进行评价，以确定适宜的消毒剂。饮用水最佳消毒技术的确定需要综合考虑水质微生物安全性和化学安全性两个方面，即消毒剂灭活控制微生物效能与控制消毒副产物效能。目前研究得较多的消毒剂有氯、氯胺、二氧化氯、臭氧、紫外线、电化学消毒剂以及它们之间的联用工艺。各种消毒方法的优缺点如下所述。

（1）氯消毒

20 世纪初期，人们开始采用液氯做饮用水消毒剂，英国的水厂最先使用次氯酸钠作为消毒剂对水厂的出水进行消毒。之后世界各地的水厂也相继采用液氯作为饮用水消毒剂，以达到灭菌的目的。1912 年，液氯消毒的应用得到了更大规模和更广范围的应用，很多大型水厂和设备开始采用液氯消毒，至此，氯消毒技术得到迅速发展。影响氯消毒效果的因素包括水质条件(pH、温度、浑浊度等)、水力条件、余氯浓度、反应时间等。与其他消毒剂相比，氯消毒主要具有如下优点：消毒效果良好，对细菌有很强的灭活能力；在水中能长时间地保持一定浓度的余氯，从而具有持续的消毒能力；使用管理方便，易于储存、运输，成本较低，价格便宜。水中保持一定的余氯浓度，不仅可以抑制细菌生长繁殖，还可以防止水在管网的输送过程中受到二次污染。我国《生活饮用水卫生标准》(GB 5749—2022) 规定出厂水游离性余氯与水的接触时间至少为 30 min，其浓度不应低于 0.3 mg/L，在管网末端不低于 0.05 mg/L。但是氯消毒本身也有一些缺点，比如在灭活微生物方面具有一定的局限性，对灭活贾第鞭毛虫和隐孢子虫等耐氯性微生物能力较差，控制微生物膜生长的效能要比氯胺差很多；氯消毒可能产生大量的卤代消毒副产物，从而影响水质的化学安全性。

（2）氯胺消毒

氯胺灭活水中微生物的能力比自由氯低得多，但氯胺作为饮用水二次消毒剂却具有许多优点：首先，氯胺与水中消毒副产物前驱物反应活性远低于自由氯，相同条件下 DBP$_s$ 氯的生成量也大大减少；其次，氯胺比臭氧、二氧化氯更稳定，衰减速率低，能有效保证管网系统的余氯浓度水平；最后，相对于自由氯，氯胺具有更强的控制生物膜的能力，这主要由于它具有更强的穿透生物膜的能力，从而有利于其灭活生物膜内部的微生物，这对保障饮用水安全、控制管道腐蚀及其引发的二次污染具有重要意义。当水中含有有机物与酚类物质时，氯胺消毒不会产生氯臭和氯酚臭。但是进一步研究发现，氯胺消毒也可能产生潜在的水质安全风险。首先，投加氯胺的同时也引入了氨氮等生长的营养源，有可能在一定条件下成为管网系统微生物生长繁殖的促进因素。其次，氯胺消毒可能产生某些危害更大的有机胺类消毒副产物。最后，采用氯胺消毒可能促进管壁金属溶出释放，从而导致饮用水中金属浓度升高。

（3）二氧化氯消毒

二氧化氯是氧化性较强的消毒剂，对细菌、病毒、藻类等微生物均具有良好的灭活效能，其作用机理一般认为是通过吸附并穿透微生物细胞壁，进而氧化破坏细胞内的基酶以达到灭活微生物的目的。此外，二氧化氯抑制微生物蛋白质的合成，氧化分解蛋白质中的氨基酸也是其重要机理。二氧化氯消毒的主要优点为：它与水中腐殖酸、富里酸等有机物反应时不会生成有机卤代物；消毒效果好，在低浓度下也具有较强的消毒作用；消毒时受 pH 和温度等环境因素影响较小；具有控制色度、嗅和味并促使铁、锰等氧化的作用。但二氧化氯消毒也有不少缺点：首先它与还原性有机物反应生成亚氯酸盐（ClO$_2^-$）和氯酸盐（ClO$_3^-$），产生潜在的水质安全问题；其次，二氧化氯对婴幼儿的神经系统可能造成不利影响。

（4）臭氧消毒

臭氧是一种强氧化剂，对水中细菌、病毒、藻类和原生动物等均具有良好的灭活效能。其主要原理是通过其强氧化性破坏某些基团实现消毒效果。臭氧能杀菌和灭活病毒，反应快、投量少、适应性强。其在 pH 5.6~9.8、水温 0~37℃内变化时，对消毒效果影响很小，还能去除水中色度、嗅和味，氧化分解水中一些有机物和无机物，提高处理后出水水质。但臭氧是极不稳定的气体，容易分解，需要在管网中另外投加消毒剂以维持管网中的余氯量，消毒成本较高，而且近年来发现臭氧在消毒过程中能产生甲醛、乙醛、乙二醛等有害物质，这些物质有不同程度的致癌性和致突变性。另外，臭氧氧化将大幅度提高水中AOC 的浓度，增加水中溶解氧的浓度，这对输配水管网中的微生物稳定性是不利的。

（5）紫外线消毒

紫外线（UV）发挥作用的波长通常为 200~300 nm，紫外线消毒的主要机理是细菌吸收紫外线能量发生光化学反应引起 DNA 链断裂，从而导致细菌灭活。紫外线消毒本身不产生 DBP_s，不产生引起感官不快的嗅和味等；紫外线消毒能减少后续消毒剂的投量，从而降低副产物生成量；紫外线能够催化臭氧、过氧化氢等消毒剂产生自由羟基，紫外线和其他消毒剂有可能产生协同效果，这对灭活控制抗氯性较强的微生物具有很重要的意义；紫外线对致病微生物有广谱消毒效果，消毒效率高；对隐孢子虫卵囊有特效消毒作用；不产生有毒有害副产物。其缺点是没有持续消毒效果，需与其他消毒剂配合使用；被灭活的细菌可能复活，国内使用经验也比较少。

（6）电化学消毒

电化学消毒主要依靠电场作用，通过电化学反应装置对水中细菌等进行杀灭去除，主要包括直接电化学消毒、间接电化学消毒和电磁消毒三类，主要应用在海水净化和一些小型饮用水处理中。

随着科学技术的进步，分析手段日趋先进，新型致病微生物和消毒副产物不断被发现，传统的消毒技术面临巨大的挑战。我国 2022 年发布的《生活饮用水卫生标准》（GB 5749—2022）是 1985 年发布后的第二次修订，自 2023 年 4 月 1 日起实施，其中微生物学指标更加严格，如表 1-1 所示，这对传统的消毒方式提出了严峻的挑战。

表 1-1　《生活饮用水卫生标准》（GB 5749—2022）中微生物学指标

指标	标准
菌落总数	<100 CFU/mL
总大肠菌群	不应检出

续表1-1

指标	标准
余氯	管网末端总余氯不低于 0.05 mg/L
大肠埃希氏菌	不应检出
贾第鞭毛虫孢囊	<1 个/10 L
隐孢子虫	<1 个/10 L

在实践中，灭活微生物与控制消毒副产物生成往往是矛盾的，因此，确定饮用水消毒安全消毒策略的核心在于确定合理的消毒工艺，实现灭活微生物与控制消毒副产物生成的统一，实现保障饮用水微生物安全性与化学安全性的统一。因此，饮用水消毒技术的优化和发展成为十分紧迫的问题，新型的消毒技术以及消毒体系的多级屏障策略成为解决饮用水消毒安全性问题的必由之路。其中，紫外线技术作为物理消毒技术的代表在水处理中日益受到人们的青睐，并且有越来越多的研究者针对紫外线消毒的特点研究其在饮用水消毒工艺中的应用方式和对水质生物安全性的控制作用。

1.4.2　基于紫外线的饮用水安全消毒技术

近年来，由于人们对氯消毒副产物毒性的担忧，以及紫外线技术在饮用水处理中对抗氯性的隐孢子虫和贾第鞭毛虫有显著的消毒效果，紫外线消毒技术发展迅速。

紫外线技术应用于饮用水消毒是目前国际上消毒技术的发展趋势，但是对于紫外线消毒的应用方式，欧洲和北美存在较大的差别。在欧洲的荷兰、奥地利和德国等地的一些水厂，饮用水经紫外线消毒后直接进入供水管网。据统计，荷兰大部分水厂单独使用紫外线消毒，管网末端没有余氯。而北美的饮用水相关法规规定在自来水中必须存在一定量的余氯，用来控制管网的二次污染问题。究其原因，欧洲的管网状况较好，且管网较短，为了避免余氯过长的接触时间所产生的消毒副产物，欧洲很多国家的法规限制管网的余氯量，所以，常单独采用紫外线消毒。而北美的源水较差，很难达到出厂水 AOC 浓度低于 200 μg/L 的生物稳定性标准，如果管网中没有持续的消毒效果，易造成二次污染。因此，北美采用紫外线消毒的水厂通常采用投加辅助消毒剂的方式来维持管网中的生物安全性。

紫外线消毒对管网水质条件、管网生物膜量、悬浮菌浓度、化学消毒剂余量有一定的影响。Pozos 等利用两个平行的模拟管网系统研究紫外线消毒管网生物膜组成，结果表明紫外线消毒不能改变生物膜微生物群落的组成和生物量。Momba 等对比研究紫外线消毒和无紫外线消毒管网中生物膜浓度，发现紫外线对降低管网的生物膜浓度没有贡献。Lund 等的研究表明紫外线对模拟管网中生物膜的控制可以持续一个星期，紫外线辐射所产生的羟基自由基可以阻止饮用水管网生物膜的生长。Langmark 等的研究表明紫外线联合氯胺消毒与氯配合氯胺消毒对管网生物膜的控制效果相似。由于 UV 的处理，生物膜中的活性菌比例降低了，营养物的多少和温度的高低对生物膜的量起主要作用。

在 UV 消毒对有机物的影响方面，Lehtola 研究了 UV 消毒对水中有机物和微生物增长的影响。UV 消毒可以降低水中 AOC 的浓度，增加水中小分子有机物的含量。在剂量高的时候可以增加水中的 MAP。Choi 等评估了采用 UV 消毒对水中有机物 DOM 分子量分布、AOC 浓度、消毒剂消耗和 DBP 的形成的影响，结果发现，采用 $40\ \text{mJ/cm}^2$ 剂量的 UV 消毒时，AOC 浓度没有明显的改变，低分子有机物增多。在 UV 消毒中，消毒剂需求量增多，增加了消毒副产物的形成，主要原因是 UV 消毒增加了小分子有机物的数量，刺激了有机物和消毒剂的反应，从而导致消毒副产物增多。采用 $40\ \text{mJ/cm}^2$ 剂量的消毒剂消毒，不能将水中的有机物矿化，UV 可以"断开"化学键，改变有机物的种类，但是不会刺激有机物增长和生物膜的形成。因此，UV 不足以将有机物降低到微生物可以利用的程度。Buchanan 研究了 UV 对水中有机物的影响，发现极性亲水性有机物对 UV 照射非常敏感，对中性亲水有机物的影响最小。Rand 等对比研究了 UV 和氯、氯胺组合消毒去除 HPC 的效果，结果表明仅采用氯是最有效去除悬浮菌和生物膜的方法，UV+氯与氯在灭活悬浮菌与生物膜方面比氯胺强。UV 伴随氯消毒降低了氯浓度，从而增加了细菌浓度，UV 可能将氨转化为亚硝酸盐。

紫外线对抗氯性很强的隐孢子虫等微生物具有很强的灭活能力，二次消毒剂能有效抵抗微生物的再生长，采用组合消毒能弥补二者的不足。有研究发现，UV 和氯基消毒剂存在协同效应。Dystra 研究了 UV 和其他氯基消毒剂组合消毒对微生物的控制。他采用 UV 作为初始消毒剂，二氧化氯、氯、氯胺作为二次消毒剂，结果表明 UV 和二次消毒剂存在协同效应，可以很好地控制管网中微生物的增长，即使很低的消毒剂余量(二氧化氯 0.25 mg/L，氯 0.5 mg/L，氯胺 1.0 mg/L)也具有足够的控制微生物生长的能力；在有 UV 预处理时，氯和二氧化氯比没有 UV 预处理的效果要好很多，但是对生物膜影响不大；采用 UV 预处理可以降低消毒剂用量，降低潜在的消毒副产物生成势。Wang 分别采用 UV 和氯的协同效应消毒再生水，发现协同消毒可以降低水中的 HPC、消毒副产物、消毒剂用量。Rand 等采用 UV 分别与氯、二氧化氯消毒组合，研究发现，UV 与 ClO_2 组合在降低 HPC 和生物膜方面效果最好，保持 0.18 mg/L 的 ClO_2 残余量，UV+ ClO_2 能达到 3.93-log 的灭活率[①](对悬浮菌)，对生物膜能达到 2.05-log 的灭活率，表明 UV+ ClO_2 能达到很好的灭活生物膜的效果，在控制悬浮菌和生物膜方面单独采用 ClO_2 比 Cl_2 更有效，采用 UV 预处理能有效降低水中的悬浮菌，比起单独采用化学消毒，组合消毒能达到协同效果，研究表明在二氧化氯和氯消毒前增加紫外线消毒可以有效控制管网的 HPC 水平。Murphy 研究了 UV 组合消毒剂对各种消毒剂的灭活能力，一般来说，组合 UV 后，各种消毒剂的灭活能力都增强了，在 UV+低浓度的氯消毒后，还能检测到少量的大肠杆菌，但是在 UV+二氧化氯的组合里，大肠杆菌被灭活到检测限以下；氯胺可以有效灭活悬浮菌，但是不能灭活生物膜，说明 UV 消毒可以有效地增强消毒效果。Meunier 等的研究表明，由于对溴酸盐的限制，必须降低臭氧的投加量，采用 UV 组合臭氧消毒，在低剂量(0.5 mg/L)臭氧下，溴酸盐浓度可以达到 0.4 μg/L，组合 UV 可以灭活营养菌达到 5.0-log，并且具有脱色效果，检测臭氧和自由羟基的浓度，一些能够快速氧化的微生物灭活率很高，而一些慢速氧化的微生物只有 20%的灭活率，可以灭活一些能抗臭氧的微生物，组合消毒可以提高水质、降低臭氧的投加量。

UV 预处理会影响水中的消毒副产物量，Liu 等研究了 UV 和氯基消毒剂协同消毒对有机物的影响，在消毒副产物生成势方面，单独 UV 照射的生成势高于那些没有照射的，增加了总有机卤的量。Liu 等还研究发现，UV 照射对氯仿的形成有很重要的影响(高达 40 mg/L)，中压灯与低压灯相比，DBP 有稍微的增加。不同的消毒顺序对消毒副产物的总量有一点影响，但是对生成势没有大的改变。

近年来，研究者们逐渐开始将基于 UV 的高级氧化技术用于消毒领域，如

---

① 灭活率一般用-log($Nt/N0$)表示，其中 Nt 和 $N0$ 分别表示 t 时刻如初始时刻的微生物浓度。

UV-O$_3$、UV-TiO$_2$ 和 UV-H$_2$O$_2$ 等。其主要机理是在 253.7 nm 波长的 UV 照射下诱发生成具有很强氧化能力的羟基自由基，它不仅可以杀灭细菌，而且可以完全矿化水中的有机物，是一种较新的 UV 消毒方法。Hijnen 综述了 UV 灭活水中病毒和藻类的应用前景，采用 UV-H$_2$O$_2$ 作为参考，结果表明 UV-Cl 在自由羟基方面的产率系数低于 UV-H$_2$O$_2$。Sichel 等研究了 UV 和氯消毒的高级氧化去除水中新兴污染物的可行性，能耗降低了 30% ~ 50%，消毒副产物的浓度很低。

目前国内对 UV 与其他消毒剂联用技术缺乏深入研究，特别是联用技术中各种因素的影响机理，关于紫外线消毒系统对管网微生物学安全性影响的系统研究很少，缺少紫外线消毒对管网生物安全性的控制理论和指标体系。因此，结合我国的水质状况，研究紫外线技术在饮用水消毒工艺中的应用特点和生物安全性特性，具有非常重要的意义。

1.5 给水管网水质问题

国家饮用水标准《生活饮用水卫生标准》的 2006 年修订版的一个重要变化就是把水质监测的取样点后移到用户的水龙头。由于供水管网的二次污染问题，常常会出现出厂水水质完全符合甚至优于国家标准，而在用水点却出现水质浑浊、发红甚至发黑的现象，因此，确保出厂水水质在管网输配系统中的稳定是实现安全优质供水的一个重要环节。对优质饮用水保障技术的研究，以往人们主要侧重于新型处理技术的开发和处理工艺的革新应用，而对水在输配系统中的变化过程和反应机制的认识相对不足。有研究发现，出厂水经供水管网和二次供水设施后水质合格率下降了近 20%。何维华对国内 45 个城市的调研结果中，管网水浑浊度比出厂水增加 0.38 NTU，色度增加 0.45 CU，铁浓度增加 0.04 mg/L，锰浓度增加 0.02 mg/L，细菌总数增加 18 CFU/L，大肠杆菌增加 0.4 个/L。这些数据表明我国城市供水已经存在管网水质恶化、二次污染的问题，这些问题降低了居民饮用水的质量，影响了居民的身体健康。因此，人们对水质问题的关注开始转移到用户终端水质即管网水质上来。目前，关于给水管网水质问题的研究主要涉及水质的化学稳定性和微生物稳定性两方面。

1.5.1 给水管网水质的化学稳定性

化学稳定性主要是输配水管网在生物、物理和化学过程相互作用下发生腐蚀的现象。严重的管道腐蚀不仅使管网水的浑浊度、色度、细菌种类和数量、有毒重金属含量等水质指标恶化，而且会引起管壁变薄穿孔、增加水头损失和输水能耗等。水的管道的腐蚀包括物理、化学和生物等多方面的作用，结果主要体现为水中的金属离子超标、水的浑浊度与色度发生明显变化等。

影响管网水质化学稳定性的因素主要是消毒剂、pH、水力条件等，消毒剂与金属管壁发生反应，使铁、铜等金属离子溶出进入水中，随着时间的延长，铁、铜等金属离子可能与水中的 OH^-、CO_3^{2-} 等组分发生反应沉淀析出，并在管壁表面沉积，对水管产生保护作用，但是在剧烈的冲刷之后会进入水中，影响水的浑浊度和色度。在其他条件相同的情况下，水的 pH 不同，各种管材的金属溶出速度也不同。总的来说，pH 越高，管材中金属溶出越少。因此，提高pH 可以延缓管道腐蚀。欧洲部分国家通过在出厂水中加碱调节 pH 来保护管网。另外，水力条件也是影响管网水质的因素之一，流速增大会使 H_2CO_3 和 H^+ 等去极化剂更快地扩散到金属表面，导致阴极去极化增强，使腐蚀产生的 Fe^{2+} 迅速进入水中，增大腐蚀速率。

1.5.2 给水管网水质的微生物稳定性

给水管网的微生物稳定性通常是指水中存在的营养物质促进微生物生长繁殖的能力大小，即当有机物成为异养菌生长的限制因素时水中有机营养物支持细菌生长的最大可能性，一般用限制微生物生长的营养物质浓度进行表征。针对给水管网内生物膜的生长、管网细菌再生长和大肠杆菌暴发的研究表明，出厂水中存在的可生物降解的有机物是管网中异养菌再生长的主要原因，水中细菌生长所需的有机营养物质含量越低，饮用水稳定性越强。

给水处理厂通常通过加氯且保持管网末端一定的余氯来控制细菌在管网中的生长，但事实上，保持配水管网中的余氯并不一定能控制细菌在管网中的生长。目前，由于饮用水中的病原微生物导致传染病的发生也时有报道。细菌在管网中重新生长的问题引起了人们的高度重视，人们认识到引起配水管网中细菌再生长的主要诱因是出厂水中含有残存的异养菌生长所需的有机营养基质，即生物可降解有机物(biodegradable organic matter, BDOM)。尽管自来水厂通过投加氯消毒灭活病原菌,同时保持管网末端一定的余氯量(我国规定0.05 mg/L)来控制细菌在管网中的生长,但出厂水中仍残存有细菌(我国规定出厂水中菌落总数限值为 100 CFU/mL,总大肠菌群不应检出);部分氯消毒后的受伤细菌会在管网中自我修复、重新生长;管网的交叉连接和倒虹吸等会使外界细菌重新进入管道。当管网水中存在生物可降解有机物时,这些残存的细菌就能够获得营养重新生长繁殖,导致用户水质变差。

1.5.3　消毒剂余量与管网水质的关系

保证管网中一定的消毒剂浓度是水处理的一项重要措施,是控制输配水过程中细菌浓度水平、保证供水安全的重要手段,但是消毒剂往往与有机物生成THM$_S$、HAA$_S$ 等 DBP$_S$ 类物质,成为影响饮用水安全的另外一个重要问题。现行的饮用水法规对水的微生物指标和 DBP$_S$ 指标都有严格的规定,因此,既要维持管网中一定的消毒剂浓度水平以满足水的微生物学指标要求,也要尽可能控制 DBP$_S$ 生成,这是饮用水行业面临的挑战。

由于水中的 NOM(天然有机物)既是微生物生长的主要营养物质,又是DBP$_S$ 生成的前驱物,因此,尽可能去除水中的 NOM 是保证管网水质生物稳定性和减少 DBP$_S$ 生成的根本途径。欧洲国家一般采用深度处理和多级处理的方式,以最大限度地降低水中的有机物浓度,从而避免由于使用消毒剂所带来的DBP$_S$ 问题。在北美,往往采用降低水中的 NOM 和使用消毒剂二者相结合的方式,既确保消毒剂对微生物生长的抑制作用,又能控制 DBP$_S$ 的大量生成。不同的消毒剂对管网水质产生的影响也有所不同。一般来说,氯胺氧化能力低于自由氯,其灭活细菌的效力也相应较低,同时比氯衰减速度慢,容易在管网中维持一定水平的余量,从而具有长效的灭菌能力,与有机物反应生成 DBP$_S$ 的潜能也低。另外,氯胺可以更为有效地控制管壁生物膜的生长,使用氯胺消毒,水中杆菌出现的概率、HPC 与 DBP$_S$ 的浓度大大降低。Neden 等对比研究了自由氯和氯胺消毒对控制管网中细菌生长的影响,发现氯胺消毒后水中异养菌浓度降低、消毒剂余量稳定,因此越来越多的水厂开始使用氯胺等消毒剂,降低 DBP$_S$ 生成势。

消毒剂具有氧化能力,在管网中将继续与水相和管壁的有机物等还原性有机物反应,消毒剂余量随着管网的延伸而降低。消毒剂与水中的各种溶解性和颗粒态有机物、非惰性管壁材料反应，导致消毒剂消耗，比如铁质管材表面腐蚀所产生的 Fe^{2+} 化合物可以被氧化成 Fe^{3+}，从而消耗大量的消毒剂。如果消毒剂在管壁上的反应占主导，则管径大小对消毒剂衰减也会有较大的影响。因此管径越小，管壁对消毒剂消耗的影响作用就更显著。

1.6　水质化学稳定性评价体系

水质化学稳定性主要是指水经过处理进入管网后其自身各种组成成分之间继续发生反应的趋势，如碳酸钙的沉积析出、水体对所接触的管道或各种附属设施的侵蚀作用、非金属管道材料表面有毒有害物质的溶出、金属管道材料表面的腐蚀、消毒副产物的生成等。水质化学不稳定性主要体现为管道腐蚀，腐蚀是影响饮用水安全输配的重要原因之一，腐蚀会使水中金属元素浓度增加，饮用水中铅、镉等有毒金属几乎都来源于腐蚀引起的溶出过程，腐蚀导致的铁、铜等元素的释放虽然对人们健康的影响相对较小，但是由此导致的浑浊度、色度会带来感官指标的超标，铁还会使器皿、衣服等被染色，金属元素的溶出还会影响污水中的金属含量，导致污泥中的金属含量超标。

管道腐蚀带来的问题还包括以下几个方面：腐蚀产物形成的结核增加了水的输送阻力，减少了过流断面，降低了管道输水能力，严重的腐蚀还会导致管网漏水，从而导致管网中水量损失，降低管网用水点的压力；为了防止管网中微生物的生长，管网中必须保持一定的余氯量，因为腐蚀会导致浑浊度上升，从而需要提高消毒剂投加量。

影响管道腐蚀的主要因素是水的物理和化学特征。水在流动过程中，与管壁接触发生相互作用，而这种相互作用和管材、水质等因素有关。广义的腐蚀也包括非金属材料的释放等，如水泥基材中游离石灰成分的释放、石棉基材料石棉纤维的释放等，这一类腐蚀主要受水的 pH 影响。而对表面直接和水接触的铸铁管、钢管来说，其腐蚀过程会复杂很多。严格来讲，所有的水对金属都有一定的腐蚀性，只是腐蚀的程度因管材不同而有较大的差异，例如，对铁质管材腐蚀严重的水不一定对铜质管材腐蚀严重。

水对管道的腐蚀包括物理、化学和生物等多个方面的作用。物理作用的主要表现是水对管壁的水力冲刷，高强度的水力冲刷会破坏管壁表面长期形成的保护层，同时促进参与腐蚀反应物质的传质过程，加速腐蚀过程。化学作用通常是金属管材腐蚀的最重要机制，而生物腐蚀则比较复杂。

1.6.1　铁释放的机理和影响因素

饮用水输配管网中常用的铁质管材为铸铁管，铁的腐蚀与释放是既有联系又有区别的过程，前者主要指铁基体的氧化和腐蚀产物的形成过程，而后者主要是指溶解态或颗粒态的铁由管壁向水相中转移的过程，通常可以用铁的损失来衡量，而铁的释放则通过测定水中铁的浓度来衡量。颗粒状态铁的释放是水力冲刷作用造成的，当水力条件变化时，管壁表面那些较为疏松的沉积物会被带到水相主体中，但大多数情况下铁的释放是由腐蚀层物质的溶解或腐蚀层内部溶解铁扩散至水相中造成的，其机理十分复杂。

理论上，铁在水相条件下的腐蚀是不可避免的，铁的腐蚀通常以原电池反应的形式发生。金属铁作为电子供体，水中的溶解氧通常作为电子受体，水中的无机物和有机离子作为电解质发生反应，反应产生的亚铁离子经过一系列复杂的氧化和化学转化过程，形成多种不溶性产物，释放到水相中或沉积在管壁上形成腐蚀层。通过剖析腐蚀层的结构组成和形成过程发现，铁质管材表面腐蚀层的化学组成成分主要包括针铁矿（α-FeOOH）、磁铁矿（Fe_3O_4）和纤铁矿（γ-FeOOH）等氧化物；偶尔会发现菱铁矿（$FeCO_3$），但 $FeCO_3$ 不稳定，被认为是形成其他铁氧化物成分的中间形态。

研究者对水相中铁的释放机理有不同的理解。Sontheimer 认为，由铁基体腐蚀产生的亚铁离子释放和腐蚀层中亚铁组成的溶解是造成水相中铁浓度升高的主要原因，铁腐蚀产生的 Fe^{2+} 在缓冲能力较高的水中首先形成 $FeCO_3$，之后 $FeCO_3$ 经过慢速的氧化过程形成对金属基体有良好保护作用的氧化物层，进而限制了溶解氧扩散腐蚀层对金属基体造成的腐蚀。如果水相的水质条件不利于形成这种保护层，铁基体的腐蚀就会直接造成大量铁元素往水相中释放。

Sarin 等对铁的释放机理做了进一步研究，认为铁的释放是由管壁上腐蚀氧化物层的物理化学性质控制的。腐蚀层的结构从外到内并不相同，最外层主要由三价铁氧化物构成，结构比较致密，而这一致密层以下则为以亚铁氧化物为主的多孔输送腐蚀产物，并且此处亚铁离子的浓度可以达到极高的程度，氧气、自由氯等氧化剂能够将扩散到腐蚀层表面的亚铁离子氧化成不溶性的三价铁产物，进而抑制铁向水相中的释放。

Sander 等应用表面络合理论来揭示铁腐蚀产物在水溶液中的溶解性特性，重点研究了腐蚀产物层的外表面与水之间的相互关系，认为铁的溶解与其形成的表面络合物的浓度有关。铁氧化物通过其吸附的水分子的离解而形成表面羟基，这些表面羟基既可进行脱质子反应也可以进行质子化反应。当表面羟基与水中阳离子结合时，表面会释放出质子，而与阴离子结合时，羟基就会被置换下来，因此这些过程强烈地受 pH 变化的影响。表面络合理论虽然可以成功地解释许多受表面控制的金属氧化物与矿物的溶解反应过程，但将其应用于供水管网中铁释放这样复杂的过程则有待进一步研究。

由于铁的腐蚀与释放是由水和金属管壁的接触造成的，因此水的自身特征就会对这些过程产生重要影响。一些主要的水质参数及其影响作用介绍如下。

（1）pH

当铁和水溶液接触时，在任何 pH 范围内都会有腐蚀发生。在饮用水的 pH 范围内，铁的腐蚀产物很难以溶解态的形式存在，通常以固相形式沉积在管壁内表面形成腐蚀产物层或直接释放到水相中，在饮用水相对狭窄的 pH 范围内，pH 的变化对铁的腐蚀和释放的影响有时不显著。根据原电池原理，pH 升高应该抑制铁的腐蚀，但是 Stumm 和 Larson 等研究发现 pH 的升高会加剧铁的腐蚀并易产生不均匀的腐蚀现象，从而导致腐蚀产物形成结核状突起。此外，还有研究发现，pH 的降低会抑制铁的腐蚀产物的生成和释放。

（2）碱度

提高碱度可抑制铁的腐蚀，因为 HCO_3^- 对铁腐蚀有抑制作用。当 HCO_3^- 存在时，腐蚀过程中可以产生比 $Fe(OH)_2$ 溶解度更低的产物，如 $FeCO_3$。$FeCO_3$ 作为腐蚀的中间产物形成后，可以经缓慢的氧化而在管壁表面形成均匀致密的腐蚀产物层，从而起到对基体金属的保护作用而抑制铁的腐蚀。

（3）SO_4^{2-} 和 Cl^-

高浓度的 SO_4^{2-} 和 Cl^- 会加快铁的腐蚀和释放过程，二者浓度升高使水的电导率升高，促进原电池腐蚀反应的进行；它们还能与腐蚀产生的 Fe 结合形成可溶性络合物，促进 Fe 的转移，从而加快铁的腐蚀产物往水相中的释放。

（4）Ca^{2+} 和 Mg^{2+}

Ca^{2+} 和 Mg^{2+} 是构成水中硬度的阳离子，Ca^{2+} 和 Mg^{2+} 与 HCO_3^- 一起形成 $CaCO_3$ 和 $Mg(OH)_2$ 沉积物层，从而对腐蚀起抑制作用。由于具有高硬度的水一般也相应具有高碱度,因此 Ca²⁺ 和 Mg²⁺ 对腐蚀的影响效应总是与碱度相联系。

(5)溶解氧和余氧

溶解氧浓度升高有助于加速铁的原电池腐蚀反应,但在无氧时铁的腐蚀仍然可以发生,因此,控制溶解氧的浓度并不能完全阻止铁腐蚀反应发生。溶解氧的另一个作用是将腐蚀产生的 Fe^{3+} 氧化形成不溶的 Fe(Ⅲ)产物。如果这种产物在管壁表面形成结构致密的保护层,就有可能抑制 Fe(Ⅱ)往水中进一步释放。所以,溶解氧在铁的腐蚀和释放过程中所起的作用是非常复杂的,不同条件下将表现出不同的作用效能。余氯因具有较强的氧化能力而可促进铁的腐蚀。反过来,如果腐蚀主要是由微生物反应引起的,则较高的余氯浓度能抑制微生物活性,有利于抑制铁的腐蚀和释放。在供水管网系统中,铁的腐蚀与微生物的活动常常是相互联系的。腐蚀加速了余氯的消耗,从而使微生物得以繁殖并以腐蚀产生的粗糙表面作为其繁衍、生存的场所;反过来,微生物的大量繁殖又可能加速铁的腐蚀。

(6)温度

温度对水的物理化学性质、水中溶解成分的扩散、化学反应速率以及管道表面物质的结构特性等都有影响。因此,温度对铁的腐蚀和释放过程的影响效应在不同情况下会有不同的表现,这取决于占主导作用的影响效应。温度的影响主要包括以下几个方面。①影响水的黏度。温度升高使得水中的黏度降低,从而加快水中各种离子与其他溶解组分的扩散迁移速度,进而影响铁的释放。②影响氧气的溶解度。温度升高则水中溶解氧浓度降低。③影响氧化反应速率。在一定的 pH 条件下,温度每升高 15℃,Fe(Ⅱ)的氧化速率可增加一个数量级。管网中铁的腐蚀和释放程度与季节的温度变化有很强的相关性,铁释放引起的色度升高的现象多发生在高温季节(夏季)。

1.6.2 化学稳定性评价体系

国内外针对给水管网化学稳定性的研究主要聚焦于 Ca、Mg、Al、Fe 等无机元素,主要涉及 Ca 和 Mg 的结垢沉积、管材腐蚀导致 Fe 的释放、Al 和 Fe 的析出等方面,其中结垢和腐蚀是影响饮用水安全输送的两个最重要的方面。因此,针对管网水质稳定性的评价需要包括碳酸钙沉积和管材腐蚀两方面。

由循环冷却水的结垢和腐蚀判别方法可知,水的腐蚀性和结垢性往往是由水-碳酸盐系统的平衡决定的。当水中的碳酸钙含量超过其饱和值时,则会出现碳酸钙沉淀，引起结垢；当水中碳酸钙含量小于其饱和值时，则水对碳酸钙具有溶解能力，可使已经沉积的碳酸钙溶于水，形成管壁腐蚀。这两种情况都会对管网水质稳定性造成不利影响。碳酸钙沉积结垢和腐蚀判别方法有以下几种。

（1）极限碳酸盐硬度法

极限碳酸盐硬度法指保持水不结垢的碳酸盐硬度的最高限值，即当水中游离二氧化碳很少时，循环冷却水可能维持 HCO_3^- 的最高限值。由于影响碳酸钙析出的因素很多，如有机物会干扰碳酸钙的析出，不同的水质、水温条件下，影响的程度均不相同，因此用理论计算法存在极大困难。

（2）朗格利尔指数法

朗格利尔指数法又称为饱和指数法。在一定的溶液体系中，可采用相同条件（水温、含盐量、碱度和硬度）下达到碳酸钙饱和溶解度时的 pH 作为衡量标准，用 pH_s 表示，实际的 pH 用 pH_0 表示，则朗格利尔指数表示为 $I_L = pH_0 - pH_s$。当 I_L 等于 0 时，水中的 $CaCO_3$ 处于饱和状态，不腐蚀、不结垢，水质稳定；大于 0 时，水中的 $CaCO_3$ 处于过饱和状态，有析出结垢的倾向，水的化学稳定性变差，出现黄水现象，水中的细菌附着在沉淀物上，消耗消毒剂，进一步影响了水的生物稳定性；小于 0 时，水中的 $CaCO_3$ 处于不饱和状态，有腐蚀倾向，腐蚀管壁，导致漏水，腐蚀过程中溶出的有机物、磷都是微生物生长所必需的，导致生物稳定性变差。

（3）雷兹纳尔稳定指数法

雷兹纳尔稳定指数法又称为稳定指数，其定义为 $I_R = 2pH_s - pH_0$。当 I_R 为 4.0～5.0 时，有严重结垢倾向；为 5.0～6.0 时，有轻微结垢倾向；为 6.0～7.0 时，有轻微结垢或腐蚀倾向；为 7.0～7.5 时，腐蚀显著；为 7.5～9.0 时，严重腐蚀。

1.7 水质生物稳定性评价体系

《生活饮用水卫生标准》（GB 5749—2022）微生物指标为 5 项，对饮用水生物稳定性提出了较高的要求。生物稳定性可以用限制微生物生长的营养物质浓度进行表示，主要体现为水中的营养基质同其他多种因素一起导致管网中微生物大量生长繁殖，对水质造成不利影响，因此从 20 世纪 80 年代开始，饮用水生物稳定性评价指标、给水管网内微生物种类、管网内微生物生长机制与其影响因素，一直是国际水科学的研究热点。

1.7.1　水的生物稳定性评价指标

饮用水的生物稳定性对配水管网中的水质有很大的影响，因此对其生物稳定性进行准确合理的评定十分重要。目前，饮用水生物稳定性控制指标主要有三类：①有机碳控制因子，包括可生物降解溶解性有机碳（BDOC）和可生物同化有机碳（AOC）；②磷控制因子，包括微生物可利用磷（MAP）；③综合控制因子，包括杆菌生长响应（CGR）和细菌生长潜力（BGP）。

（1）有机碳控制因子

多数情况下，水中存在的有机碳是微生物生长的限制因素。目前，用来表示饮用水中有机碳控制因子的指标有可生物降解溶解性有机碳（BDOC）和可生物同化有机碳（AOC）两个。BDOC 表示水中被异养菌利用（无机化和合成细胞体）的部分溶解性有机物，是水中细菌和其他微生物新陈代谢的物质和能量来源。就相对分子量而言，BDOC 中有 30% 超过 100 kD。BDOC 的测定方法是由比利时的 Pierre Servais 等发明的，先将待测水样经 2 μm 的滤膜过滤去除微生物，然后接种一定量的同源细菌，在恒温条件下培养 20 d，测定培养前后 DOC 的差值即为 BDOC。其优点是测试技术比较成熟、操作简单，缺点是当 DBOC 浓度较低时，分析灵敏度不高。Bois 等研究了位于法国 Nancy 的两个中试管网中细菌、BDOC 和余氯等因素的相互影响后，认为 BDOC 与细菌再生长密切相关。Joret 研究认为 BDOC 低于 0.10 mg/L 时大肠杆菌不能在水中再生长。Dukan 等通过动态模型计算出管网中 BDOC 低于 0.25 mg/L 时能达到水质生物稳定。Laurent 等通过 SANCHO 模型计算出 BDOC<0.15 mg/L 时，异养菌在水中不能再生长。国内也有研究证明，当管网水中 BDOC 浓度低于 0.33 mg/L 时，不再存在 BDOC 的降解，细菌也不再生长繁殖，此时管网水是生物稳定性水，当管网水中 BDOC 高于这个阈值时，BDOC 的降解与出厂水中 BDOC 值成正比，此时管网水是生物不稳定水。因此抑制给水系统中细菌生长繁殖的有效途径是降低出厂水的 BDOC 浓度。

AOC 是指水中可被细菌利用于自身生长（合成细胞体）的有机物，是 BDOC 的一部分，代表水中最易降解的那部分有机物，主要由相对分子量较小的有机物组成，通常其含量占总有机碳含量的 0.1% ~ 9.0%，其相对分子量小于 10 kD。AOC 的测定方法由荷兰的 van der Kooij 教授首创，是在待测水样中接种特殊细菌，通过平板计数，测定处于生长稳定期的细菌数并进行比较，求得水样中可生物降解有机物的浓度。AOC 指标的优点是可以很好地反映水中微生物的生长情况。van der Kooij 研究发现，出厂水中 AOC 浓度与管网水中异养菌的几何平均值存在显著的相关性。他认为当 AOC<10 μg 乙酸碳/L 时，异养菌几乎不生长，饮用水稳定性很好。LeChevallier 等提出当 AOC<100 μg 乙酸碳/L 时，大肠杆菌生长受限制，并提出有氯条件下，保持 AOC 为 50 ~ 100 μg 乙酸碳/L 时水质能达到生物稳定。国内刘文君教授等研究了三种测定 AOC 的方法并对其做了改进，他建议国内饮用水中的 AOC 应控制在 200 μg 乙酸碳/L 以下。总的来说，研究者对 AOC 与细菌生长关系的认识还处于初步探索阶段，缺乏足够的证据和理论依据。管网中细菌、有机物、余氯、水力、温度等的关系非常复杂，管网里的物理化学和生物化学反应的关系有待研究，而这些是影响管网中 AOC 变化和微生物生长的重要因素。

Escobar 等的研究表明，单独采用 AOC 或 BDOC 来评价水质稳定性都是不全面的，二者结合使用比较合适。现在普遍采用 AOC 评定生物增长潜力，用 BDOC 评价消毒副产物潜能。

(2)磷控制因子

1996 年，芬兰的 Miettinen 等发现磷对某些水中微生物的限制作用，推动了磷对饮用水生物稳定性的影响的研究。Miettinen 等研究认为，芬兰饮用水中微生物的生长与 AOC 的相关性非常差，磷能够成为微生物生长的限制因子。Lehtola 等在 AOC 测定方法的基础上，利用 P17 菌株与水中磷含量的相关性，发明了测定水中微生物可利用磷(MAP)的方法：向配制好的不同浓度的正磷酸盐标准液中添加乙酸钠和除磷以外的无机盐，然后接种一定浓度的 P17 接种液，对生长到稳定期的 P17 细菌进行平板计数，作出标准曲线，由此求出 P17 菌株的产率系数。Sathasivan 等考察了无机磷对配水系统细菌再生长的影响，并推断磷在配水系统细菌再生长上起着主要的限制作用，提出当生物可利用磷(MAP)的浓度为 1~3 μg/L 时，磷成为饮用水中微生物生长的限制因子。Kasahara 等认为，由于磷的存在，配水系统内生物细胞的生命周期被延长，因此生物膜增长潜力的指示指标应该是磷而非 AOC。清华大学于鑫、桑军强等对饮用水细菌再生长过程中磷元素的限制作用做了研究，认为磷是控制配水系统中水质生物稳定性的限制因子。配水试验中,磷含量低于 0.7 μg/L 的水样,悬浮菌难以获得磷源;培养的前 9 d,悬浮菌生长停滞或者生长非常缓慢。实际管网在不加氯条件下,微生物可利用磷(MAP)的含量低于 0.7 μg PO_4^{3-}-P/L,饮用水有可能实现生物稳定。杨艳玲等认为我国饮用水源水水质较差,通过磷控制因子实现饮用水生物稳定性更有现实意义,并提出了通过控制磷取代消毒的可行性。白晓慧等研究了给水管壁磷释放对管网水质的影响,金属管壁会向悬浮水中释放磷元素并可被微生物吸收利用,从而降低水质稳定性,这种现象对试图通过单独降低水中磷提高饮用水生物稳定性的研究带来了新的挑战。

(3)综合控制因子

Rice 等提出了一个表示水中有机质对杆菌生长促进能力大小的指标,称作杆菌生长响应(coliform growth response,CGR),用杆菌的对数生长速率来表示。他们分别研究了源水、不同阶段处理出水和最终出厂水的 CGR,选用阴沟肠杆菌(Enterobacter cloacae)的三个菌种在 20℃黑暗条件下培养 5 d,然后测定微生物的密度并与初始微生物密度比较,发现 CGR 和 AOC 之间具有明显的正相关性,CGR 随 AOC 的升高而增大。

1999 年,Sathasivan 提出了一种新的生物监测方法,即细菌生长潜力(BGP),这种方法以水样中的同原微生物为接种,经过适当的培养,进行计数,以细菌浓度(CFU/mL)来表示水样中有机物在不同的无机限制因子条件下支持细菌再生长的潜力。该方法操作简单,只需要常规仪器就可完成操作。

叶林等研究了用 BGP 测定生物稳定性的优化方法:以源水作为接种液,于 20℃培养 5 d,以 R_2A 培养基培养计数。对照试验表明,BGP 和 BDOC 具有较好的相关性,可以作为生物稳定性的参考指标。

马颖等通过实验室试验探讨了静止状态下饮用水的 AOC 含量和温度与饮用水生物稳定性之间的关系,并建立了 AOC-T DWMS(drinking water microbial stability)评价指标体系。结果表明,温度对饮用水的生物稳定性影响巨大,尤其是当饮用水中 AOC 大于 50 μg 乙酸碳/L 时,在低温情况下微生物不仅不能生长繁殖,而且其自身的新陈代谢活动也受到很大抑制,处于死亡或者休眠状态;当温度逐渐升高至 15～35℃时,微生物的活动能力很强,生长繁殖速度很快,35℃时最为旺盛;而在 45℃时,高温使绝大部分微生物的活性降低,只有少数微生物还能够生长。AOC-T DWMS 评价指标体系能够准确评价静止存放的饮用水的生物稳定性,对指导工程实践具有重要意义,可以更准确、更科学地研究饮用水的生物稳定性。但是这个体系还不健全，研究较少，有待进一步研究。

1.7.2 生物稳定性评价指标的比较

（1）有机碳控制因子和磷控制因子的比较

有机碳控制因子和磷控制因子是评价饮用水生物稳定性的主要指标，二者含量间的比例关系决定着水样中细菌再生长最主要的营养限制因子，往往在一种水样中碳和磷同时具有限制因子的作用。因此，仅以单独的指标来表示饮用水的生物稳定性是不全面的。如果结合化学稳定性考虑，水中存在的有机质会使饮用水的化学物增加，因而控制饮用水中有机碳含量具有更为重要的意义，它应是生物稳定性研究的重点和首要指标。但是有机碳控制因子存在以下缺点：①BDOC 或 AOC 的测定方法不能真实反映管网中微生物生长所利用的有机碳的水平，例如在管网内壁生物膜内积累的腐殖质只有小部分能被 BDOC 或 AOC 的测定方法检测出；②BDOC 或 AOC 不能全面地代表能被微生物利用的有机碳，van der Kooij 研究显示，即使 AOC 的浓度明显低于控制指标 1.0 μg 乙酸碳/L，也能检测到甲烷氧化菌的生长。Fransolet 等研究得出，从饮用水中分离出的异养菌在没有有机物的情况下可以同化碳酸氢盐生长。此外，微生物能够将生物不易利用的有机碳转化为容易利用的有机碳，自养菌能够固定无机碳。微生物对磷的营养限制比较敏感，以 MAP 作为控制因子的优点：①物化方法对低浓度的磷有较高的检测精度，有利于对磷研究的开展；②除了出厂水中磷进入管网系统外，不会有外源磷的引入；③与有机物相比，所有细菌的生长都需要利用磷。综上所述，单独采用有机碳控制因子和磷控制因子都是不全面的，通过共同控制有机碳和磷来抑制细菌的生长将是更有效的手段。

（2）BDOC、AOC 和 BGP 的比较

BDOC 和 AOC 是目前国际上通用的生物稳定性检测指标，直接反映了水中碳营养基质的多寡，而 BGP 则是反映营养、种群等多因素作用的综合指标；BDOC 直接测定了微生物消耗的有机碳，而 BGP 测定的是有机碳转化成的生物量。三种指标之间的比较如表 1-2 所示。

表 1-2 BDOC、AOC 和 BGP 指标特点比较表

项目	BDOC	AOC	BGP
接种菌种	土著菌种	P17 和 NOX	土著菌种
表示方法	DOC 之差值	将单位体积菌落数转化成乙酸碳浓度，对 P17 和 NOX 进行计数	单位体积菌落数
结果测定	测定培养前后的 DOC 并计算其差值	对 P17 和 NOX 进行计数	将单位体积菌落数转化成乙酸碳浓度
优点	能较准确地评价水体生物稳定性	能准确地评价水体生物稳定性	方法简单；接种菌为土著菌，具有更好的适应能力；对营养机制的利用充分
缺点	对操作要求高，仪器昂贵	对操作和仪器要求高，菌种来源和保存复杂	不同批次水样的 BGP 值没有可比性
适用范围	一般用于测定消毒副产物潜能	用于评定生物增长潜力	目前应用较少

BGP 方法的提出丰富了饮用水生物稳定性的研究方法，而水样中同源土著菌种的采用，也使得其对细菌再生长潜力的反应更为准确。但是 BGP 法也存在一些缺陷：由于不同水源或不同时期水样测定时采用了不同的接种细菌，不同批次水样的 BGP 值没有可比性，无法在空间和时间意义上实现对生物稳定性研究的连续性，缺乏与生物稳定性的直接相关的证据。此外，BGP 作为一种新兴的评价指标，其测定方法还不完善，各国学者对 BGP 的测定在具体操作上还存在较大的差别，对接种液体及培养时间、细菌计数方法还需要系统化的研究和优化。

近年来，饮用水管网水质安全得到了科学界的普遍关注，从不同条件下管网水质转化的规律性认识到防止管网输配水过程中的二次污染，都是饮用水研究的热点。在生物稳定性评价指标方面，有的控制指标研究取得了较大的应用成果，并积累了一定的数据资料，有的则有待进一步研究和积累。就目前的认识和应用水平而言，饮用水生物稳定性研究还有待深入，对管网内复杂的物

理、生物化学反应和微生物生长的关系都要进行深入的研究，建立更完善的饮用水稳定性评价指标及体系，才可为饮用水的生物稳定性控制提供更为充分的理论依据和指导，更好地应用于实际工程，提高饮用水安全性。因此，开展以下两方面的研究具有重要意义。

①有机碳控制因子或磷控制因子都是影响水中微生物生长的因素之一，研究水中碳和磷的含量对饮用水生物稳定性的共同影响和相互限制、对提高饮用水安全性有重要意义。

②饮用水生物稳定性评价指标还有待深入研究，需要建立尽可能全面体现饮用水生物稳定性的影响因素和变化趋势的综合性指标。饮用水的生物稳定性不仅与 AOC 和温度有关，而且与饮用水在管网中的流动、余氯、pH 等因素密切相关，开展这方面的研究可以建立更完善的饮用水生物稳定性评价指标体系。

1.8 给水管网系统的管壁生物膜

给水管网系统与水长期接触的表面普遍存在着生物膜。管壁表面的生物膜是由附着到管壁的微生物经过大量生长繁殖和长期积累形成的，有些微生物可以通过其细胞上衍生的肢状物直接附着在管壁上，还有一些细菌则可以通过其胞外多糖形成的黏液黏结到管壁上。生物膜中的微生物可以利用从水相中扩散到管壁表面的各种有机物和其他营养物质而得以生存，生物膜中的微生物包括细菌、病毒、真菌、原生动物和其他无脊椎动物等，其中细菌是生物膜中的最大种群。

生物膜是一个复杂的、动态变化的微生物生存环境，包括微生物的新陈代谢、生长繁殖以及生物膜从管壁上脱落和转移等过程。配水系统中生物膜的形成主要经过下面的过程：①聚居的细菌附着在固体表面；②微生物群落形成，产生胞外聚合物（EPS）；③群落向上和向外扩展，形成规则和不规则结构；④生物膜成熟，新的菌种进入生物膜并生长，有机和无机碎片被结合，并且溶液梯度形成，导致了生物膜空间的异相结构；⑤成熟的生物膜可以脱落，使这种循环交替重复进行。Block 等利用循环管路装置试验证明，在试验最初阶段，管壁上生物膜的累积速度较快，但随着时间的延长，生物膜的生长速度逐渐变慢，这主要是由于管路内 BOM 的通量随时间的增长而不断降低。Batte 等研究发现生物膜内的碳水化合物和多糖成分随生物膜形成时间的延长而增加，而蛋白质含量基本恒定。

由于生物膜的保护作用，大量的细菌得以在生物膜中生存和增长。生物膜的存在对水质的恶化起着重要作用。生物膜中的微生物能够进入水相，成为水相微生物的来源，特别是当管网水力条件发生变化时，生物膜可能会从管壁进入水相，从而引起管网中水的浑浊度、色度上升，致使水产生嗅和味，造成微生物浓度超标，因此水相中悬浮细菌的密度和生物膜中固定细菌的密度存在相关关系。通常人们使用二次消毒剂（氯或者氯胺）来阻止生物膜在管壁的生长，灭活水相中的悬浮细菌。Block 研究表明，达到这一目标的残余氯浓度分别是 1.8 mg/L、0.9 mg/L。然而，LeChevallier 等发现即使保持足够的余氯也不能有效地控制管网系统中生物膜的增长，生长在铸铁管上的生物膜与保持 3 mg/L 的余氯接触 2 周后，生物膜活性没有明显的改变。当氯与生物膜接触时，氯更易被生物膜中的有机物消耗，氯并没有与生物膜中的细菌发生接触，并且没有抑制细菌的增长。氯胺在管网系统中较氯更稳定，并且易于穿透进入生物膜。生长在铸铁管壁上的生物膜在投加相同浓度的氯胺后，有 3-log 的灭活率。然而，氯和氯胺对生物膜、悬浮菌的控制也要依据水质和不同的管材。生物膜上的细菌对氯胺的抵抗力是悬浮细菌的 2~100 倍。对生物膜上细菌的灭活效率降低可能是由于氯与生物膜组成成分发生的化学反应减少了，氯穿透了生物膜，而不与细菌本身及管壁材料反应。在这种情况下，扩散到生物膜的消毒剂分子比在水中减少了 50%~80%，氯传输的速率成为大量的消毒剂到细菌表面的限制步骤。另外，氯胺与含硫的氨基具有特定的反应，这也是氯胺灭活附着细菌有较好效果的原因。但是，值得指出的是，生物膜龄及附着时间同样增加了其对氯的耐受性，也许是由于较老的生物膜存在更多的 EPS。EPS 以多种的化学形式存在，大量的 EPS 对细菌具有保护性。

1.8.1 饮用水管网系统的微生物种类及其研究方法

（1）饮用水管网系统的微生物种类

在出厂水正常消毒与管网状况良好的情况下，管网中细菌的再生长繁殖是引起给水管网中细菌生长的主要原因。各类微生物利用水中溶解性有机成分在管网中生存，并结合在一起形成菌胶团，或附着在悬浮颗粒物表面。细菌是管网内微生物的最大种群。另外还有一些原生动物、大型无脊椎动物。管网中微生物的种类会随水中营养物质的含量和季节的变化而变化。

饮用水中的细菌主要为不动杆菌属、气单胞菌属、节杆菌属、芽孢杆菌属、柄杆菌属、黄杆菌属、假单胞菌属和螺旋菌属等。van der Kooij 分离出来的典型细菌中如荧光假单胞菌属多达 31 种,恶臭假单胞菌属至少有 14 种生物型,进一步证明了饮用水中异养菌的复杂性和多样性。Burman 从管网水中分离出了放射菌、酵母菌和霉菌。贺北平对南方某市给水管网的 300 mm 管道内壁进行了研究,发现管道内壁有黄色锈瘤,内含杆菌、球菌、丝状菌等微生物。岳舜琳报道了某城市部分管道内垢壁为 16~20 mm,并检出了铁细菌、大肠杆菌等 6 种微生物。袁一星等对某市供水管壁上的锈垢进行检验,检出 13 种细菌,除了丝状细菌(铁细菌)外,还有肠道细菌、栖居菌等。博金祥等研究发现,管网水中存在耐氯微生物的滋生现象,例如耐氯的藻类(直链藻属、脆杆藻属、丽管螺属和小球藻属等)。这些藻类一方面由凝胶膜包裹着细菌和病毒,保护其免受氯的氧化,另一方面藻类的分泌物及死亡体产生新的有机污染物,除耗氯外,也为细菌等微生物的生长提供了营养源,创造了有利于微生物生长的条件。英国的 Park 等在苏格兰东北部的供水铸铁管的维护工作中,对生物膜层进行了分析,发现螺旋菌的 DNA 存在,从而证实了在供水系统中螺旋菌的广泛存在。Quti 等研究了取自全国 8 个不同地方供水管网冲洗下来的松软沉积物,发现这些沉积物中微生物浓度很高,包括异养菌、大肠杆菌、放射菌和真菌。

(2)研究管网系统微生物种类的方法

微生物群落结构分析主要有基于微生物纯化培养的传统分析方法和分子生物学方法。纯化培养的传统分析方法是先富集、分离、纯化得到单个微生物的菌落,然后根据相应的程序进行鉴定。该方法的缺点是分析速度慢,制约因素多,只有不到1%的微生物可经实验室培养,微生物的多样性被严重低估。比较而言,分子生物学方法能更客观地反映微生物群落结构的本征。

近年来,一些分子生物学的研究方法已经应用于饮用水微生物系统研究:聚合酶链反应(PCR)是近十多年来应用最广的分子生物学方法,以遗传物质高度保守的核酸序列设计特异引物进行扩增,进而用凝胶电泳和紫外线核酸检测仪观察扩增结果。王建龙针对传统大肠杆菌检测方法耗时长、专一性差、干扰因素多的缺陷,提出了 PCR 和 FISH 方法检测水体中大肠杆菌的基本原理和可行性,并指出了其不足之处。吴卿等采用冻融法直接提取不同饮用水水样微生物基因组 DNA，选择细菌通用性引物，采用 PCR-DGGE 技术，研究了南、北方两个城市水样的微生物系统，认为不同取水点的优势菌属基本一致，但是南方水样的优势菌的数量和微生物种类明显少于北方水样。张锡辉等采用 PCR-DGGE 技术，对深圳市××水库水源和××水厂处理工艺中的微生物群落结构特征进行了比较研究，认为采用分子生物学方法能够比较全面地检测微生物群落，有利于准确评价饮用水的微生物安全性。Wellinghausen 等采用实时荧光定量 PCR，在保守序列 16S rRNA 基因处设计引物，利用双探针杂交对 77 个水样中的 44 种军团菌进行检测，检测准确率达到 98.7%，敏感性为 1 fg 左右。单链构象多态性(SSCP)技术是 Orita 等建立的，它以微生物基因组信息为基础，以核糖体小亚基 RNA 基因为靶对象实现分析群落动态的目的。刘小琳等采用异养菌平板计数(HPC)和单链构象多态性(SSCP)技术，分析了北京市第九水厂管龄接近、管材和余氯浓度不同的 2 个样品的异养菌数目和种类，细菌计数结果表明：2 个样品的微生物数量有较大差异；SSCP 电泳及测序结果则显示 2 个样品中 4 条相同条带与蜡样芽孢杆菌、假单胞菌、苏云金芽孢杆菌和溶血不动杆菌的同源性分别为 100%、99%、100% 和 97%。李俊等采用法国梅里埃 API 细菌鉴定方法，对取自实验室模拟给水管网的水样检测，鉴定了 32 株细菌，分别属于假单胞菌属、金黄杆菌属等 10 个属，且大部分为致病菌，表明给水管网中存在一定的微生物风险。16S rRNA 序列分析技术是通过 PCR 扩增、克隆文库建立、核酸测序、核酸探针杂交等分子操作，从微生物样本中的 16S rRNA 基因片段中获得微生物群落的绝大部分微生物种的 16S rRNA/rDNA 序列信息，再与 16S rRNA 基因数据库中的序列数据或基因数据库中的 rDNA 序列数据进行比较，从而确定其在进化树中的位置、评价微生物群落的生物遗传多态性和系统发生关系。Kalmbach 等利用高度特异性的 16S rRNA 探针证明了两种新发现的属于变形杆菌的优势地位。

现代分子生物学技术在饮用水生物稳定性方面的研究方兴未艾，基于 16S rRNA/rDNA 序列分析的 PCR、DGGE、RFLP、克隆、测序和系统发育分析等分子生态学技术，为研究环境微生物提供了有力的研究手段，能够更快捷、准确地提供环境微生物的相关信息，如果能同时采用多种分子生态学技术，互补不足，辅以流式细胞仪、原子力显微镜等先进手段，并结合传统的分离培养方法，必将对饮用水管网系统中微生物的研究产生更大的推动作用。

1.8.2　饮用水管网系统微生物生长的影响因素

　　饮用水管网中的微生物系统是一个复杂的、动态变化的系统，微生物的新陈代谢和生长繁殖受诸多因素的影响，进入管网的微生物是管网中微生物的来源之一。Mathieu 等利用管网模拟系统研究了细菌的流通量对管网中生物膜的影响，结果表明，进水中每增加 1-log 的细菌，将产生 0.31-log 的生物膜密度的增量。营养物质是管网中细菌得以再生长的保证，Srinivasan 等的研究表明，管网中微生物的增长是消毒剂灭活和细菌再生长的互动过程，并给出了类似于 mond 方程式的生物稳定性曲线。管网中的消毒剂余量是影响微生物生长的重要因素，在管网中投加一定浓度的消毒剂抑制微生物生长是保持饮用水稳定的常用办法，但是过高的投加量会导致饮用水的化学性质不稳定，因此管网中的消毒剂投加量是有限度的，不能完全抑制管网中细菌的生长。Reilly 等的研究表明在余氯高于 0.2 mg/L 时有 63% 的水样检出了大肠杆菌。消毒剂的种类对管网水质产生的影响也不同，相对于自由氯，氯胺能更为有效地控制微生物生长。Norton 和 LeChevallier 发现使用氯胺后，水中出现杆菌的概率大大降低。Holden 等发现氯胺消毒后水中异养菌浓度降低、杆菌出现阳性概率减少。Lehtola 等的研究表明，UV 消毒可以降低水中的 AOC potential，只有非常高的 UV 剂量才能引起水中 MAP 的增加。饮用水管网中存在的细菌大部分是异养菌，依靠分解和利用包括可生物降解有机物在内的各类营养基质。另外，管网中存在一些自养菌，管网中的氨氮、碳酸盐等对其生长有较大影响。温度对微生物的生长有重要影响，温度低于 10℃ 时，微生物再生长和死亡过程基本处于平衡状态，当温度体系大于 10℃，微生物的生长就会显著加速。管网中水流速度对细菌生长的影响有以下几个方面：增加流速可以将更多的营养基质带到管壁生物膜处，同时也增加了消毒剂余量和对管壁生物膜的冲刷作用，死水区由于消毒剂含量低，往往导致微生物生长、水质恶化，水流骤开骤停能将管壁生物膜冲刷下来，使水流中的细菌量急剧上升。管网材质对微生物的生长也有一定影响，管网中微生物生长和管道腐蚀是相互影响的，一方面微生物生长引起管道腐蚀，另一方面管道腐蚀又为微生物提供了生存环境和养料。一般说来，相同水质条件下不同管材表面形成生物膜的细胞密度依次为铸铁、聚乙烯、PVC 和水泥管，发生腐蚀的钢板表面异养菌和杆菌的密度是聚碳酸酯表面的 10 倍以上。Niquette 等的研究表明，在相同培养条件下，塑料管材表面的生物量最少,水泥管其次,灰口铁表面附着的生物量最高。

管网系统中微生物再生长是一个复杂的系统,由于消毒剂在管网内发生各种反应的复杂性以及管网自身布局的复杂性,要探明微生物再生长的影响因素是非常复杂的,还有待于新理论、新方法的出现来推动研究的发展。

第2章

试验方法和检测指标

　　输配水管网具有如下功能：满足用户对水量的需求，保证供水的连续性和足够的水压；满足用户对水质的要求，保证饮用水在输配水管网中不受到二次污染。确保水质在输配水管网中稳定是实现安全供水、控制水质风险的重要环节，如果不能控制输配水管网中甚至二次供水设备中的水质污染，即使拥有优质的源水、先进的水处理工艺、优质的管材，也无法保证饮用水水质安全。这也是《生活饮用水卫生标准》(GB 5749—2022)将监测点外推到用水点的原因。

　　城市输配水管网具有距离长、停留时间长、影响因素多的特点。城市管网实际上是一个大型的管道反应器，反应器内会发生复杂的生物、化学反应，管道内壁生长着的生物膜和水中的有机物、无机物发生反应，导致管网内水质发生变化。这使出厂水质已经达标的饮用水存在水质恶化的风险，成为提高整个供水系统水质安全的瓶颈问题，因此，有必要开展合适的城市水质安全技术研究，从而改善管网水质，提高供水安全保障水平。

2.1　研究目的及主要研究内容

2.1.1　研究目的

　　饮用水水质稳定性直接影响人们的生活质量和身体健康，一直以来都是国际上水处理研究的热点问题。传统的给水处理观念认为，采用氯消毒并且保持管网中一定的余氯量就能抑制细菌在管道中的生长繁殖。但研究表明：①当出厂水中营养物质浓度足够高时，即使加大投氯量，也很难抑制细菌的生长，特别是管网末端水流缓慢，随着水中余氯的衰减，细菌将重新生长繁殖。目前，研究者已经在输配水管网中检出几十种细菌，除少数铁细菌和硫细菌等自养菌外，主要是以有机物为营养基质的异养菌，因此单纯依靠增加余氯来控制管网细菌生长是不可能的。②加氯量过高还会引起大量氯化消毒副产物的生成，使饮用水中"三致"物质增加，饮用水安全性大大降低，对人们的身体健康造成威胁，存在极大的安全隐患。

依靠水质模型选择安全的消毒方式强化智慧管理，实现饮用水输配管网中灭活微生物与控制消毒副产物生成的统一，保障饮用水微生物安全性和化学安全性的统一，已成为保证人们健康的客观要求。鉴于各种不同消毒技术单一使用时均有其不同的优缺点，可能导致饮用水在一定程度上存在水质安全风险，因此，本书提出了组合联用消毒工艺。组合联用消毒工艺能有效避免单一消毒工艺的缺点，并充分发挥不同消毒剂各自的优势。

2.1.2　主要研究内容

本书立足于理论分析与现场试验相结合，采用杯罐试验和模型管网试验相结合的方式，对不同消毒方式供水管网中生物稳定性变化规律进行研究：研究了不同化学消毒方式、不同组合消毒方式对水中有机物的影响，考察了不同消毒方式对水中 HPC 的灭活效果、供水管网中异养菌生长规律及相关因素，开展了多点加氯高级氧化消毒技术的研究。

本书主要从以下几个方面开展研究工作：

①通过杯罐试验，研究了氯、氯胺、二氧化氯三种不同化学消毒方式对饮用水中有机物（AOC）的影响，对比研究了 UV+化学消毒剂和单独化学消毒剂不同消毒方式在 AOC、三维荧光等方面的影响。

②采用模拟管网，研究了不同消毒方式、不同消毒剂量对管网中 HPC、生物膜上 HPC 的灭活效果，研究了 UV+化学消毒剂组合消毒方式的灭活效果。

③研究了模拟管网内水质变化规律、不同水质指标之间的相互影响等。

④研究了 Cl_2/UV 高级氧化消毒技术的理论基础，研究了 Cl_2/UV 高级氧化+氯（氯胺）组合消毒方式管网中水质的变化规律，构建了多级屏障消毒技术体系。

⑤对管网中的生物膜进行了初步研究，采用扫描电子显微镜（SEM）、原子

力显微镜(AFM)对生物膜的表面形貌做了初步分析,研究了生物膜的三维荧光特性、分子量分布等信息。进行了供水管网水质微生物多样性的研究,应用16S rRNA分子生物学方法对管网水样中微生物群落结构的动态变化及种群多样性进行了研究。

2.2 试验材料和试验方法

2.2.1 氯胺溶液的配制

①取一定质量的 NH_4Cl 固体于100℃烘箱中烘干1 h,将其溶于100 mL 去离子水中,配制成约25 g/L NH_4Cl 溶液,然后进行适当稀释。

②取 1 mL NaClO 溶液稀释到 100 mL 去离子水中,得到约 400 mg/L 的 NaClO 溶液;取 1 mL NaClO 溶液稀释一定倍数,使用 HACH 便携式余氯仪准确测量 NaClO 溶液的浓度(放于 5℃的冰箱,每周检测一次 NaClO 的浓度)。

③取一定体积的 NH_4Cl 溶液于 50 mL 或 100 mL 去离子水中,同时取一定体积的 NaClO 溶液,慢慢将 NaClO 溶液滴入 NH_4Cl 溶液中,同时不断地摇匀混合溶液,然后将混合物置于20℃左右的避光处反应 30 min 后检测生成的一氯胺溶液浓度。

2.2.2 二氧化氯溶液制备

本书使用的二氧化氯参照美国水和废水监测分析方法,在实验室中制备:亚氯酸钠溶液与稀硫酸反应生成二氧化氯,氯等杂质通过饱和亚氯酸钠溶液去除。用恒定的空气流将所生成的二氧化氯气体带出,并通入去离子水中吸收配制成二氧化氯溶液。将制备的黄色二氧化氯储备溶液放入棕色瓶中,并密封保存于冷藏柜中。临用前,取一定量储备液,用超纯水稀释至所需要的浓度。

2.3　水质指标及其分析方法

2.3.1　浑浊度

由于水中含有各种各样的悬浮物或者胶体状态的微粒，原来无色透明的水出现浑浊现象，其浑浊的程度即为浑浊度。

需要指出的是，引起浑浊现象的那些胶体或者细小颗粒本身不仅是水体中的污染物，而且是水中细菌、病毒等微生物的重要附着载体。所以，可以确定的是，对浑浊度的去除意味着在一定程度上对病毒等微生物的去除。因此，浑浊度不仅是物化指标，也是微生物学指标。现在主要以浑浊度来表征水的浑浊程度，单位为 NTU，采用美国哈希公司的 DR5100 型浑浊度计测定。

2.3.2　紫外线吸光度（UV$_{254}$）

UV$_{254}$ 是衡量水体中有机物指标的一项重要控制参数，它是指在波长 254 nm 处的单位比色皿光程下的紫外线吸光度。由于地表水体常见的腐殖质在化学结构上是含有苯环结构或者共轭双键的不饱和有机物化合物，这类化合物在波长为 254 nm 的紫外线范围有吸收，所以 UV$_{254}$ 常用来间接表示地表水中以腐殖质为主的有机化合物。再者，UV$_{254}$ 和 THMs 的前驱物也有较好的相关性。因此，UV$_{254}$ 可以作为有机物的替代参数。本书采用哈希公司生产的 DR5100 型紫外线分光光度计测定 UV$_{254}$。

2.3.3　总有机碳（TOC）及溶解性有机碳（DOC）

TOC 是以碳的含量来表示水体中有机物总量的综合指标。DOC 是指测定之前将水样过 0.45 μm 膜后，测得的 TOC 即为 DOC。DOC 是水体中溶解性有机物含量的直接参数。本书中所用仪器为日本岛津公司型号为 TOC-VCPH 的 TOC 仪。

2.3.4　生物可同化有机碳（AOC）

AOC 测试以荧光假单胞菌（*Pseudomonas fluorescens*）P17 和螺旋菌 NOX

(*spirillum* NOX)作为测试菌,以乙酸碳作为营养基质,将 P17 菌和 NOX 菌分别接种至标准浓度的乙酸碳溶液中,在 22~24℃下培养,在培养过程中对培养液进行平板计数,得出在一定乙酸钠浓度下两种菌生长稳定期的最大菌落数,具体步骤如下。

(1)器皿的处理方法

取样用 500 mL 磨口玻璃瓶,用洗涤剂洗净晾干,再用重铬酸钾洗液浸泡 8 h 以上,然后依次用自来水、蒸馏水、超纯水冲洗干净,高压灭菌。

培养用 50 mL 具塞磨口三角瓶、稀释用 20 mL 小试管,用洗涤剂洗净,自来水冲净晾干后,在 3N 的稀硝酸中浸泡 24 h 以上;取出后依次用自来水、蒸馏水、超纯水冲洗干净,晾干后在 550℃马弗炉中烘烤 2 h;待温度降至 100℃时,将三角瓶取出立即盖上瓶塞,小试管取出后放入有盖的器皿中,以防空气中的细菌进入。

非玻璃器皿(如移液枪头等)用稀酸浸泡,然后依次用自来水、蒸馏水、超纯水冲洗干净,高压灭菌。

(2)接种液的准备

从斜面分别取 P17 和 NOX 菌种各一环,分别放至 50 mL 经 0.2 μm 玻璃纤维滤膜过滤、高压灭菌的水样中培养 7 d,使菌种适应低营养的生长条件,并恢复其天然代谢状态。取 100 μL 初培养的菌液移至 50 mL 含 2000 μg 乙酸碳/L 的乙酸钠溶液中,于 22~25℃条件下黑暗培养至平台期,使接种液中没有有机碳带入待测水样中。将培养后的细菌进行平板计数,计算出接种液的浓度,以便确定加入待测水样中的接种液体积(水样的接种浓度按 10^4 CFU/mL 计算)。

(3)水样的采集、接种和培养

水样收集于 250 mL 无碳的磨口玻璃中。若水样中含有余氯,应加入适量的硫代硫酸钠溶液加以中和[(摩尔)比硫代硫酸钠∶余氯=1.2∶1(摩尔)];若水样浑浊度较高或 AOC 浓度较高,应静沉后用矿物盐溶液稀释;若悬浮物较多,应该用 1.2 μm 玻璃纤维滤膜过滤,以防颗粒物的干扰。水样在 7 h 内送到实验室,试验 12 h 内进行。

本书采用先后接种法,该方法的主要特点是菌落计数方便。取水样 40 mL,在 70℃的水浴锅中巴氏消毒 30 min 以破坏植物细胞和灭活非芽孢细菌,水浴后冷却至室温,然后按照 10^4 CFU/mL 的接种浓度接种 P17,在(22±2)℃条件下避光培养,培养 2 d 后对水样中的 P17 进行细菌平板计数。然后水样在 70℃

水浴中巴氏灭菌 30 min 以杀死水样中的 P17 菌，冷却后按照 10^4 CFU/mL 的接种浓度接种 NOX，在 (22 ± 2)℃条件下黑暗培养，培养 3 d 后对水样中的 NOX 进行细菌平板计数。

（4）细菌的平板计数

从培养好的样品中取 100 μL，用无机盐溶液稀释 $10^3\sim10^4$ 倍。取 100 μL 涂布于 LLA 培养基平板上，置于 22~25℃生化培养箱中培养，P17 培养 48 h、NOX 培养 72 h 即可计数。P17 外观呈淡黄色，粒径 2~3 mm；NOX 外观呈乳白色，粒径 1~2 mm。

（5）空白对照和产率对照

测定 AOC 所用的生物量法灵敏度很高，如果试验过程的任何环节有微量有机物带入，都会对试验结果造成影响。不同的实验室、不同的试验条件下，P17 和 NOX 菌株的产率系数会发生变化，可能会与 van der Kooij 给出的产率系数有较大差别。为了消除试验过程中有机物污染、产率系数的不同对试验结果的影响，在试验中分别做空白对照和产率对照。

空白对照：在 50 mL 培养瓶中加入 40 mL 无碳水，并加入 100 μL 稀释了 10 倍的无机盐溶液。若水样中加了硫代硫酸钠以中和余氯，则空白对照中也加入等量的硫代硫酸钠。巴氏消毒后，按与待测水样相同的步骤接种、培养、计数。

产率对照：在 50 mL 培养瓶中加入 40 mL 含 100 μg 乙酸碳/L 的乙酸钠溶液，并加入 100 μL 稀释了 10 倍的无机盐溶液。若水样中加了硫代硫酸钠以中和余氯，则产率对照中也加入等量的硫代硫酸钠。巴氏消毒后，按与待测水样相同的步骤接种、培养、计数。

（6）产率系数

P17 和 NOX 菌株的产率系数的计算：将产率对照的菌落密度减去空白对照的菌落密度可以计算出 P17 和 NOX 的产率系数，如式（2-1）所示。

$$\begin{cases} \dfrac{[\,P17\ 产率对照(CFU/mL)-P17\ 空白对照(CFU/mL)\,]\times10^3}{100\ \mu g\ 乙酸碳/L} \\[2mm] \dfrac{[\,NOX\ 产率对照(CFU/mL)-NOX\ 空白对照(CFU/mL)\,]\times10^3}{100\ \mu g\ 乙酸碳/L} \end{cases} \qquad(2\text{-}1)$$

AOC 的计算：将待测水样的菌落密度减去空白对照的菌落密度，利用产率系数，即可求得 AOC 值，如式（2-2）所示。

$$\begin{cases} \dfrac{[\text{水样 P17(CFU/mL)}-\text{P17 空白对照(CFU/mL)}]\times 10^3}{\text{P17 产率系数}} \\[2mm] \dfrac{[\text{水样 NOX(CFU/mL)}-\text{NOX 空白对照(CFU/mL)}]\times 10^3}{\text{NOX 产率系数}} \\[2mm] \text{水样总 AOC(}\mu\text{g 乙酸碳/L)} = \text{AOC}_{P17}+\text{AOC}_{NOX} \end{cases} \quad (2\text{-}2)$$

2.3.5 生物可降解有机碳(BDOC)

生物可降解有机碳(BDOC)的测定首先是由 Joret 和 Levy 于 1986 年提出来的,而 Servais 和 Billen 等于 1957 年提出的一套 BDOC 的测定方法,是目前国外 BDOC 测定方法的基础。该方法将待测水样(50 mL)通过 0.2 μm 醋酸纤维素膜过滤,加 5 mL 经 2 μm 的 NucLepore 膜过滤(目的是去除水中较大颗粒和原生动物)的源水作为接种液,在(20±0.5)℃及暗室条件下培养 10~30 d,同时测定水样中 DOC 值的变化量和细菌的生长速率,当 DOC 值恒定不变时,培养前后 DOC 值之差即为 BDOC;再以表面荧光显微镜对细菌计数,将细菌生长量折算成所消耗有机物量(以碳计,折算系数为 1.2×10^{-13} gC/μm³ 细菌),将此计算值与 BDOC 进行对比,发现两者有较好的一致性。该方法通过测定水样培养前后的 DOC 之差来确定水中的 BDOC 值,简单易行,同时绝大多数水样培养 10 d 后 DOC 值能达到恒定值,因此所测 BDOC 值能代表水中绝大部分可生物降解的有机物。

(1)测定原理

先将待测水样经膜过滤去除微生物,然后接种一定量的同源细菌,在恒温条件下培养 28 d,测定培养前后 DOC 的差值即为 BDOC。

(2)器皿与材料

①500 mL 带磨口三角瓶(用于水样培养)、1000 mL 带磨口玻璃瓶(用于水样取样)、5 mL 移液管、50 mL 玻璃注射器。用前先用重铬酸钾洗液浸泡 4 h,用自来水冲洗干净,然后用蒸馏水冲洗 3 遍,再用超纯水冲洗 1 遍。

②20 mL 具塞玻璃瓶(用于取水样测定 TOC)。用前先用洗液泡洗,然后用蒸馏水冲洗 3 遍,再用超纯水冲洗 1 遍,最后在 550℃下干燥 1 h。

③2 μm 和 0.45 μm 超滤膜。用前用超纯水煮 3 遍,每遍 30 min。

④真空超过滤器一套。用前用超纯水冲洗干净。

⑤TOC 仪。

（3）测定方法

①取水样。在取样点将待测水样倒入 1000 mL 玻璃瓶中，尽快将水样送到实验室，放入冰箱中保存。

②取接种液。在与待测水样同源且细菌含量较多的水域取水样 1 L，尽快将水样送到实验室，放入冰箱中保存。

③将待测水样用 0.45 μm 超滤膜进行过滤。过滤方法为：先用纯水过滤 500 mL 左右，弃之。然后过滤水样，前 150~200 mL 滤液弃之不用，接着过滤 600 mL 左右，取 500 mL 滤液装入 500 mL 磨口玻璃瓶中。同时，取水样测 TOC，此值为 DOC_0。如果水样中有余氯，在过滤前加入适量硫代硫酸钠中和。

④将接种液通过 2 μm 超滤膜过滤，分别取滤液 5 mL 加入 500 mL 待测水样中，盖好后摇匀。

⑤将加好接种液的水样放入恒温箱中，20℃ 培养 28 d，取样，先经过 0.45 μm 超滤膜过滤，然后测定 TOC，此值即为 DOC_{28}，由下式计算。

$$BDOC = DOC_0 - DOC_{28} \tag{2-3}$$

2.3.6　异养菌（HPC）计数

水中异养菌（HPC）的测定采用 R_2A 培养基。R_2A 培养基组成如下：酵母浸膏 0.5 g，蛋白胨 0.5 g，酸水解干酪素 0.5 g，葡萄糖 0.5 g，可溶性淀粉 0.5 g，丙酮酸钠 0.3 g，磷酸氢二钾 0.3 g，七水合硫酸镁 0.05 g，琼脂 15 g，1 L 蒸馏水。取悬浮菌液 1 mL，使用10%的生理盐水依次 10 倍稀释菌液，得到一系列稀释度的菌液，取 100 μL 菌液平板涂布，25℃黑暗培养 7 d 计数，以单位体积的细菌数表示（CFU/mL）。

生物膜上异养菌（HPC）的测定：用 2~3 根灭过菌的棉签从上到下擦拭挂片挂膜面 5~6 次，将擦拭完的棉签放入盛有 10 mL 灭菌缓冲液的试管中，将试管置于超声波清洗器（功率 250 W）作用 25 min，再按照水中悬浮菌的测定方法测定生物膜中 HPC 数量，以单位面积的细菌数表示（CFU/cm^2）。

2.3.7　细菌生长潜能（BGP）

取 20 mL 水样，加入具塞磨口锥形瓶中，若水样中有余氯，须加入硫代硫酸钠中和剩余的消毒剂。将锥形瓶放到暗处，20℃恒温培养 5 d。然后将水样经孔径 2 μm 的滤膜过滤，以滤过水作为接种用的水样，以滤过水中的菌种作为接种菌种。另取 20 mL 水样，加入经过超纯水洗涤、消毒及无碳化处理的具塞磨口锥形瓶中，在 65℃ 的水浴中消毒 30 min，冷却到室温后，按照 1∶100 的比例加入接种水样，放到暗处，23℃ 恒温培养 7 d 后，按照本章 2.3.6 所述平板涂布法计算水中细菌总数。

BGP 检测包括添加和未添加无机矿物盐生长两种。通过添加无机矿物盐，使得无机元素不能成为限制生长的限制因子，并能更好地反映出细菌再生长情况。无机矿物盐成分如表 2-1 所示。

表 2-1　无机矿物盐成分统计表

成分	KNO_3	KH_2PO_4	$NaSO_4$	$CaCl_2 \cdot 2H_2O$	$MnSO_4 \cdot 5H_2O$
浓度 /($\mu g \cdot L^{-1}$)	1011000	1320	450	185	1109.5
成分	$(NH_4)_6MO_7O_{24} \cdot 4H_2O$	$MgCl_2 \cdot 6H_2O$	$FeCl_3 \cdot 6H_2O$	$COCl_2 \cdot 6H_2O$	$ZnCl_2$
浓度 /($\mu g \cdot L^{-1}$)	1.0	415.0	245	20.4	10.6

2.3.8　三维荧光光谱分析（3D-EEM）

由于腐殖质的结构中含有大量带有各种官能团的具有低能量 $\pi \rightarrow \pi^*$ 跃迁的芳香环结构及未饱和脂肪链，所以此类结构的物质能够产生荧光。同时，由于荧光光谱技术具有灵敏度高（10^{-9} 数量级）、选择性好及不破坏样品结构等优点，因此该技术非常适合研究腐殖质的化学和物理性质。图 2-1 所示为不同区域对应的污染物。

本书采用日本日立集团生产的分光光度计（F-4600 FL 型）测定水体中有机化合物的三维荧光光谱特性。

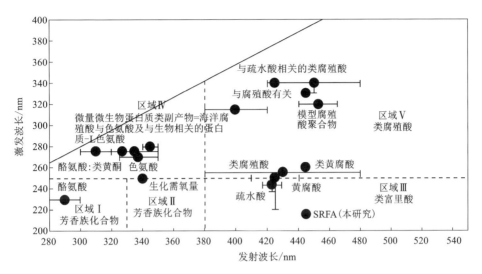

图 2-1　三维荧光图谱中有机物不同区域

2.3.9　有机物分子量分布

当前测定有机物分子量分布主要有以下两种方法。

（1）超滤膜法（UF 法）

超滤膜法是用已知截留分子量的超滤膜置于带有搅拌功能的杯式过滤罐（stirred cell）中，用纯氮气提供分离过程所需的驱动力，在整个过滤过程中需要维持驱动压力与搅拌速度的恒定。水体中分子量小于超滤膜截留分子量的有机物会透过膜留存在渗透液中，而分子量大于膜截留分子量的有机物将被截留。用一系列不同的已知截留分子量（如 1 kD、3 kD、5 kD、10 kD、30 kD、100 kD）的超滤膜对水样进行分离后，将得到的浓度相减即可得到有机物分子量分布。值得提出的是，每次过滤需要用相同的源水，而不是用前一种膜的渗透液作为下一种膜的进水，即平行式过滤，如图 2-2 所示。因为系列式过滤测定分子量的方法误差较大，且分子量越小误差越大。

超滤膜法容易受所选择膜的物化特性（孔径分布、膜材料等）、驱动压力、水温、pH、离子强度，以及溶解性有机物的大小、形状等的影响。但超滤膜法设备和方法简单，可得到大量的分离水样以做进一步分析之用，缺点是该方法测定得到的分子量分布是不连续的。

41

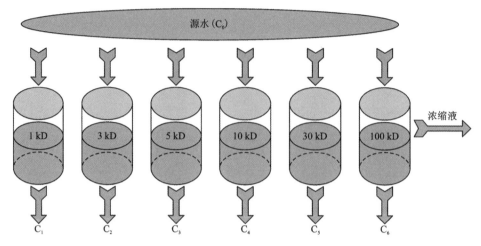

图2-2 分子量超滤法分离法示意图

（2）凝胶色谱法（gel permeation chromatography，GPC）

凝胶色谱法是根据有机物分子与凝胶（固相）孔径间的相对大小（同时受到两相间的物化特性影响）确定有机物分子量大小。固相是色谱柱中具有一定孔径分布的多孔凝胶。当水流经过凝胶时，由于水体中分子量较大的有机物无法进入凝胶孔中而较快地通过色谱柱出现在出水中，分子量较小的有机物进入凝胶孔内。分子量越小的有机物在凝胶中留存的路径越长，通过色谱柱所需时间也越长。有机物分子量的不同正是通过分子在凝胶（色谱柱）中的时间不同，按分子量大小的先后顺序出现在出水中，从而实现分离不同分子量有机物的目的。

前面提到的凝胶与有机物间物化特性的影响正是GPC法测定分子量时出现的误差原因。由于水中某些有机物会和凝胶产生离子相斥而较快地通过色谱柱，导致所测的有机物分子量偏高；而某些有机物会与凝胶产生吸附或静电作用，从而使运动受阻，在色谱柱中留存时间过长，进而导致所测的分子量偏低。用GPC进行测定的优点是所得到的分子量分布是连续的，而且测定简单、方便、快捷。

2.3.10　微生物组成的测定

①取 2 mL 水样，离心去上清液，用试剂盒 FastDNA® spin kit for soil（MP），按操作说明提取总 DNA。

②微生物群落结构多样性分析。

土壤总 DNA 的提取：土壤样品总 DNA 的提取用美国 OMIGA 公司的土壤样品总 DNA 小量提取试剂盒。

16S rRNA V3 区的 PCR 扩增：以提取的土壤总 DNA 为模板，用细菌 16S rDNA V3 区的通用引物 341f（5′-CGCCCGCCGCGCGCGGCGGGCGGGGCGGGGGCA CGGGGGGCCTACGGGAGGCAGCAG－3′）和 534r（5′－ATTACCGCGGCTGCTGG－3′），以上引物均由上海生工合成。反应条件为：94℃，3 min；94℃，30 s；56℃，30 s，72℃ 30 s；进行 30 个循环；72℃持续 10 min。

变性梯度凝胶电泳（DGGE）：DGGE 采用 D-Code systerm（Bio-Rad，美国伯乐公司），10%聚丙烯酰胺凝胶，变性梯度为 35%～65%（100%变性相当于 7 mol/L 尿素和 40%去离子甲酰胺），每泳道上样约 800 ng 的 PCR 产物，电泳条件为 60℃，100 V，1×TAE，16 h。

2.3.11　原子力显微镜(AFM)

采用原子力显微镜(AFM)对生物膜表面形貌进行分析的方式：首先将生物膜样品用超纯水轻轻冲洗，去除其上松散的污染物质；样品干燥之后，固定在干净的载玻片上，置于原子力显微镜之下。AFM 所用探针为 TESP 针，针尖曲率半径为 5～10 nm。在接触模式下进行检测，扫描尺寸为 20 μm×20 μm，扫描速率为 0.5 Hz。试验中原子力显微成像结果为高度像，数据采用 Nanoscope V4.30 软件进行分析。

2.3.12　扫描电子显微镜(SEM)

通过 SEM 观察是了解样品微观结构的有效手段。对生物膜样品的 SEM 观察，样品处理方法如下。

风干：将样品放入滤纸包成的小盒内，自然风干。

黏样与喷金：将样品粘贴在 SEM 样品台上，观察面向上，用 IB－5

(Giko)型离子溅射镀膜仪在样品上喷金 5~10 min，使其导电，以便在 SEM 下进行观察。

镜检：将喷金后的样品置于扫描电镜（HITACHI S4800，HSD，Japan）下进行观察分析。

2.3.13　余氯

（1）主要试剂

①缓冲溶液，pH 6.5：在去离子水中依次溶解 60.5 g 十二水合磷酸氢二钠（$Na_2HPO_4 \cdot 12H_2O$）和 46 g 磷酸二氢钾（KH_2PO_4），加入 0.8 g 二水合 EDTA 二钠（$C_{10}H_{14}N_2O_8Na_2 \cdot 2H_2O$），稀释至 1000 mL，混匀。

②DPD 溶液，1.1 g/L：将 250 mL 水，2 mL 硫酸（$\rho = 1.84$ g/mL）和 0.2 g 二水合 EDTA 二钠溶液混合，溶解 1.1 g 无水 DPD 硫酸盐于此混合液中稀释至 1000 mL，混匀。试液装在棕色瓶内，于冰箱内保存。

③碘化钾：晶体。

④硫酸亚铁铵储备液：$C[(NH_4)_2Fe(SO_4)_2 \cdot 6H_2O] = 56$ mmol/L。

配制：溶解 22 g 六水合硫酸亚铁铵于含有 5 mL 硫酸（$\rho = 1.84$ g/mL）的水中，移入 1000 mL 容量瓶内，加水至标线，混匀，存放在棕色瓶中。

（2）DPD-FAS 滴定

当余氯小于等于 5 mg/L 时采用 N，N-二乙基-1，4-苯二胺-硫酸亚铁铵滴定法测定。该方法可区分测定水中的游离氯和一氯胺的质量浓度。

①采样后，立即测定，自始至终避免强光、振摇和温热。测定 V_1 和 V_2 时，分别吸取 5 mL 缓冲溶液和 5 mL DPD 指示剂溶液，置于 250 mL 锥形瓶中，加入 100 mL 水样，混匀。

②用 FAS 标准溶液滴定至无色为终点。记录滴定消耗溶液体积 V_1。

③加入很小一粒碘化钾晶体（约 0.5 mg），混匀，立即用 FAS 标准溶液滴定至无色为终点，记录消耗溶液体积 V_2。

计算式如下：

$$
\begin{cases}
\text{游离氯的质量浓度}(Cl_2,\ mg/L) = \dfrac{C \cdot V_1 \times 70.91}{2 \cdot V_0} \\[3mm]
\text{一氯胺的质量浓度}(Cl_2,\ mg/L) = \dfrac{C \cdot (V_2 - V_1) \times 70.91}{V_0}
\end{cases}
\tag{2-3}
$$

式中：C——硫酸亚铁铵标准滴定溶液浓度，以 Cl_2 表示，mmol/L；

V_0——水样体积，mL；

V_1、V_2——水样消耗的硫酸亚铁铵标准滴定液体积，mL。

第3章

UV+氯基消毒剂对有机物的影响

消毒是保障饮用水水质安全的重要屏障，在控制水生疾病的传播、保障人体健康方面起着重要作用。常用的消毒方法有氯、氯胺、臭氧和紫外线等，在饮用水中投加消毒剂的目的是控制细菌生长、抑制传染疾病的传播，但消毒剂也会把水中的一些有机物氧化成可生物同化有机碳（AOC），为管网中细菌的生长提供营养基质，从而降低了饮用水的生物稳定性。AOC 由 AOC－P17 和 AOC－NOX 两部分组成。AOC－P17 代表水中能被荧光假单胞菌（*Pseudomonas fluorescens*）P17 利用的大部分氨基酸、多种羧基酸、碳水化合物糖类和芳香族等有机物质，AOC－NOX 代表能被螺旋菌（*spirillum*）NOX 专门利用的羧基酸类有机物质。不同种类的消毒剂对 AOC 的影响各不相同，刘成等研究了金西水厂滤后水经过液氯消毒后，出厂水中 AOC－P17 值上升到 65 μg/L，比滤后水增加了 17%；AOC－NOX 浓度达到 57 μg/L，上升了 33%；AOC 值则增加到 122 μg/L，比滤后水中原值增加了 24%。王丽花等针对西南某市的研究表明，以液氯做消毒剂会导致水体中的 AOC 浓度增加，其增加程度与水体中所含有机物和加氯量有很大关系，因为液氯消毒将大分子有机物转化为小分子有机物，增强了细菌对高分子有机物的利用性能，AOC 的组成比例在消毒前后的变化也验证了这一点。氯胺是一种持续消毒效果好、消毒副产物低的消毒剂，叶劲研究了在成都市第六水厂氯和氯胺消毒时对自来水中 AOC 浓度的影响，发现经氯胺消毒的水中 AOC 浓度比经氯消毒的水中 AOC 浓度约低 40%。李灵芝等的研究表明，投加 1 mg/L、2 mg/L 和 3 mg/L 的氯胺，30 min 内 AOC 浓度增加不足 100%，而相同水样投加 1 mg/L 的氯，AOC 浓度增加 300% 以上，可能的原因是氯胺的氧化能力较弱，对有机物的分子结构改变较小。二氧化氯是一种强氧化剂，具有很强的反应活性和氧化能力，与有机物、无机物反应有很强的选择性，这使二氧化氯与腐殖质及有机物反应几乎不产生有机卤化物（TOX），不生成并抑制生成致癌作用的三卤甲烷（TMH）；能有效破坏水体中的微量有机污染物，氧化水中的还原状态的金属离子，如 Fe^{2+}、Mn^{2+} 等，特别是二氧化氯可将以有机键合形式存在的 Fe^{2+}、Mn^{2+} 氧化，去除水体中 Fe^{2+}、Mn^{2+} 的能力很强，因此二氧化氯作为消毒剂具有明显的优势。紫外线消毒由于其对贾第鞭毛虫和隐孢子虫（"两虫"）的杀灭效果和几乎不产生消毒副产物而备受青睐。一般认为，由于紫外线特殊的杀菌机理，在常规剂量下对有机物结构的影响较小，不会导致水体中 AOC 的浓度发生较大变化。然而在特殊的情况下（如过高的剂量、有机物含量高而且结构易发生变化时），紫外线会在水中某些物质的催化下激发产生羟基自由基，与水中的有机物反应，导致 AOC 浓度变化。Lehtola 等的研究表明，在较低的 UV 剂量下，AOC 值会降低 29%，并通过分析有机物的分子量分布认为紫外线辐射降低了小分子量有机物的比例，进而导致了 AOC 的降低，说明了紫外线消毒对水中 AOC 浓度的影响因水体不同而有所不同。本试验研究了不同消毒剂对水中有机物的影响，包括 UV_{254}、AOC 及其组成部分所占比例、三维荧光（3D-EEM）的影响。

3.1　试验材料和试验方法

3.1.1　试验水样

试验水样取自同济大学校园内同心河三好坞处，经超滤膜过滤后备用，水质符合《生活饮用水卫生标准》（GB 5749—2022）。试验期间水质指标如表 3-1 所示。

表 3-1　主要水质指标

项目	范围
浑浊度/NTU	0.22~1.35
$COD_{Mn}/（mg \cdot L^{-1}）$	1.28~3.80

续表3-1

项目	范围
DOC	1.60~3.38
$UV_{254}/(cm^{-1})$	0.058~0.073
氨氮/$(mg \cdot L^{-1})$	0.036~0.15
温度/℃	16.2~25.6
pH	7.24~8.56

3.1.2　准平行光束仪

试验装置如图3-1所示。该装置按照国际紫外线协会的标准设计，选用低压汞灯作为光源，紫外线灯管安装在一个封闭的圆柱体内，在筒体的底部中央开口，下方接一段长度为60 cm、直径为8.8 cm的圆管，其作用是产生平行紫外线，使紫外线能够垂直到达样品的表面。紫外线灯管的功率75 W，经检测，准平行光束仪的平均光强为0.153 mW/cm^2，通过改变照射面积和时间来获得不同的紫外线剂量。

3.1.3　试验方法

（1）紫外线照射试验

静态试验采用准平行光束仪，可以准确定量传递到微生物表面的紫外线剂量，在1000 mL的容器中装入500 mL试验水样。为了保证所有的微生物都得到均匀的照射，磁力搅拌器需要充分搅拌。为了防止搅拌中出现漩涡，需要对搅拌速度进行很好的控制。每组试验重复3次。

紫外线的剂量通常被定义为紫外线强度和照射时间的乘积，紫外线照射时间可以通过控制遮光板的开启时间来控制，而紫外线的平均强度要通过紫外线辐照计测量，经计算后得到，具体方法和过程如下。

①使用前，先打开紫外线灯管开关，预热30 min，使发出的紫外线稳定。

②在直径为100 mm的圆形坐标纸上，以水面为基准平面，以平行光管投影的中心为中心，按X轴和Y轴每隔0.5 cm分别画线。

③将紫外线照度、紫外线强度用UV-B型紫外线辐照计(北京师范大学科

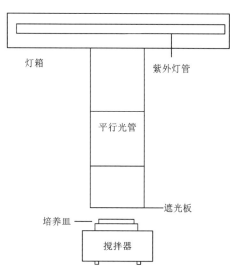

图 3-1　紫外线试验装置准平行光束仪

学仪器厂生产）置于该平面，按 X 轴和 Y 轴方向每隔 0.5 cm 测定该点的紫外线强度，然后根据国际紫外线协会提供的计算表格计算紫外线的平均强度。紫外线剂量的计算方法如下：

$$\bar{I} = \frac{I_0 \int_0^b e^{-\alpha l} dl}{d} = \frac{I_0}{d\alpha}(1 - e^{-\alpha d}) \qquad (3-1)$$

式中：I_0——样品表面紫外线强度，由紫外线辐照计在辐照窗口下不同位置取平均值测得，mW/cm²；

　　α——样品的紫外线吸光度；

　　d——样品的深度，mm。

　　紫外线剂量的计算如下：

$$Dose = \bar{I} \cdot t \qquad (3-2)$$

式中：$Dose$——紫外线剂量，mJ/cm²；

　　$\bar{I}$——平均紫外线强度，mW/cm²，根据国际紫外线协会提供的计算表格计算；

　　t——照射时间，s。

（2）氯基消毒剂消毒试验

将 500 mL 的棕色磨口玻璃瓶先用无磷洗涤剂清洗，然后放入 5.0%的稀盐酸中浸泡 24 h。取出后依次用自来水和超纯水冲洗干净，高压蒸汽灭菌，装入待反应水样，根据设定的剂量加入事先准备好的消毒剂。加氯胺时，先加氯化胺，然后立即加氯，Cl∶N 的质量比为 3∶1。根据事先确定的取样时间取样后测定余氯，加入适量的硫代硫酸钠(1∶1.2)中和余氯，然后巴氏灭菌，冷却后接种、培养、测定 AOC。

（3）UV+氯基消毒剂消毒试验

依照氯基消毒剂消毒试验中的方法处理磨口瓶后，装入 500 mL 试验水样，放在紫外线准平行光束仪下面，置于磁力搅拌器上充分搅拌；打开遮光板按设定时间照射后，关闭遮光板，再根据设定的剂量加入事先准备好的消毒剂。

3.1.4　AOC 的测定

取 3.1.3 小节中所述水样 40 mL，加入硫代硫酸钠中和余氯，经 70℃水浴巴氏消毒 30 min 后冷却至室温，先接种 P17 于水样中，于 22~25℃下黑暗培养 2 d，平板涂布法测定细菌数；将该水样巴氏灭菌杀死 P17 菌后接种 NOX 菌，同样条件培养 3 d 后平板计数，根据产率系数计算 AOC 的浓度。本试验 P17 产率系数为 1.10×10^7 CFU/μg 乙酸碳，NOX 的产率系数为 0.90×10^7 CFU/μg 乙酸碳。

3.2　不同消毒工艺对水中 UV$_{254}$ 的影响

水中有机物的成分很复杂，UV$_{254}$ 可以作为 TOC 和 DOC 的替代参数。UV$_{254}$ 反映了有机物中的芳香环结构或共轭双键结构含量的高低，天然水体中含有的主体有机物腐殖质和各种芳香族有机化合物多是此类物质。常见紫外线谱波长范围为 200~400 nm，即近紫外线区，也称石英紫外线区。根据光谱分析的结果，一般的饱和有机物在近紫外线区无吸收，含共轭双键或苯环的有机物在紫外线区有明显的吸收或特征峰，含苯环的简单芳香族化合物的主要吸收波长为 250~260 nm，多环芳烃吸收波长向紫外线区长波方向偏移。紫外线谱图提供的主要信息是有关该化合物的共轭体系或某些羰基的存在。水中主要官能团的紫外线吸收特点如下。

①化合物在波长 220~400 nm 无紫外线吸收，说明化合物是饱和脂肪烃、脂环烃或其衍生物(氯化物、醇、醚、羧酸等)。

②化合物在波长 220~250 nm 显示强烈吸收，说明该化合物存在共轭双键(共轭二烯烃、不饱和醛、不饱和酮)。

③化合物在波长 250~290 nm 显示中等强度吸收，说明化合物中有苯环存在。

④化合物在波长 250~350 nm 显示中低强度吸收，说明化合物中有羰基或共轭羰基存在。

⑤化合物在波长 300 nm 以上有高强度吸收，说明该化合物有较大的共轭体系。

水以及废水中的一些有机物，如木质素、丹宁、腐殖质和各种芳香族有机化合物都是苯的衍生物，而且是天然水体中的主体有机物(占 DOC 的 40%~60%)，可以采用 UV_{254} 作为它们在水中含量的替代参数。UV_{254}/DOC 即为单位溶解性有机碳的紫外线吸收值，可以反映水中有机物的芳香构造化程度，简称芳香度。对源水的分析表明：分子量越大，其 UV_{254} 越高，特别是分子量大于 3000 kD 以上的有机物是水中紫外线吸收的主体，而分子量小于 500 的有机物对紫外线的吸收很弱。

试验针对 7 种不同的消毒组合进行：(a) UV，40 mJ/cm²；(b) Cl_2，1.0 mg/L；(c)氯胺，2.0 mg/L；(d)ClO_2，0.5 mg/L；(e)UV+ Cl_2；(f)UV+氯胺；(g)UV+ClO_2。如图 3-2 所示，不同组合的消毒方法对 UV_{254} 的影响都比较小，单独的紫外线消毒对 UV_{254} 的去除率只有 1.12%，变化很小；氯、氯胺、二氧化氯对 UV_{254} 的去除率分别为 3.34%、2.86%、5.83%，说明二氧化氯比氯和氯胺具有更强的反应活性，更容易与腐殖酸分子发生反应而降低紫外线吸光值。

在组合消毒方面，氯和 UV+氯相比，二者的去除率相差不大，说明紫外线照射对去除 UV_{254} 的帮助不大，其他两种组合也有相似的结论。UV+二氧化氯对 UV_{254} 的去除率最高，达到 6.12%。但总的来说，几种组合对 UV_{254} 的去除率都不高，可能的原因为：试验用水是膜生物反应器的出水，水中的芳香族物质较少，水中的 UV_{254} 本底值很低；消毒剂浓度较低，对水中残留的低浓度有机物没有显著效果。

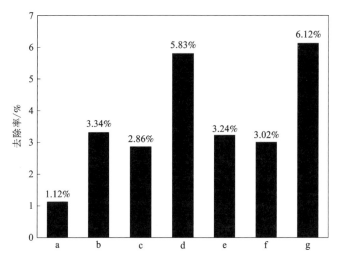

a—UV；b—Cl_2；c—氯胺；d—ClO_2；e—UV+ Cl_2；f—UV+氯胺；g—UV+ClO_2。

图 3-2　不同消毒工艺消毒后水样的 UV_{254} 去除率

3.3　不同消毒工艺对水中 AOC 的影响

3.3.1　紫外线照射对 AOC 的影响

近年来使用紫外线消毒的水厂数量剧增，很低的紫外线剂量也对贾第鞭毛虫和隐孢子虫具有独特的灭活效果。由于紫外线特殊的杀菌机理，其常规剂量对有机物结构的影响较小，不会导致水体中 AOC 浓度发生大的变化。但是许多研究表明，紫外线照射可以改变水中有机物结构，降低饮用水生物稳定性，如紫外线剂量过高、有机物含量高且结构易发生变化时，紫外线会催化水中某些物质产生羟基自由基，与水中的有机物反应，导致 AOC 浓度发生变化。Yonkyu Choi 的研究表明，在 40 mJ/cm² 的紫外线剂量下，虽然低分子有机物的比例增大，但 AOC 浓度没有大的增加，原因是 UV 的能量不足以将水中的大分子有机物分解到微生物可以利用的程度。

试验考察了不同紫外线强度下（0.153 mW/cm²、0.076 mW/cm² 和 0.038 mW/cm²），水中 AOC 浓度随紫外线剂量的变化。从图 3-3 中可以看出，低紫外线强度（0.038 mW/cm²）对水中的 AOC 影响很小，AOC 曲线整体变化较为简单，趋势平缓，最大下降幅度为 16 μg/L。高紫外线强度对水中的 AOC 浓度有影响，在 0.153 mW/cm² 紫外线强度下，在 20 mJ/cm² 时 AOC 浓度下降到最小值，最大下降 75.7%，可能是此时的紫外线能量可以将一部分小分子有机物氧化，但不足以将大分子有机物"破碎"分解；在 60 mJ/cm² 时 AOC 浓度上升，最高上升 50%。Lehtola 等的研究表明，在较低的 UV 剂量下，AOC 值会降低 29%；并通过分析有机物的分子量分布认为紫外线辐射降低了小分子量有机物的比例，进而导致了 AOC 的降低。这一结论与本书试验结果吻合较好。

随着剂量的增加，AOC 水平没有进一步下降，反而开始增加，在 60 mJ/cm² 剂量时升至最大值，然后趋于平缓下降。在实际的工程应用中，光强高于本书试验中的最大光强，接触时间很短，一般 40 mJ/m² 就可以满足杀灭微生物的需要，因此紫外线消毒在短时间内对 AOC 的影响是很小的。

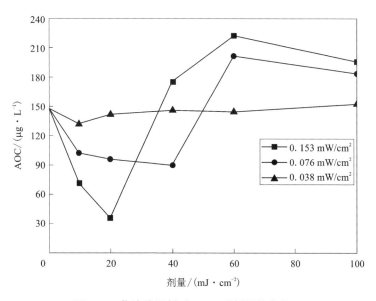

图 3-3　紫外线照射后 AOC 随剂量的变化

AOC 由 AOC-P17 和 AOC-NOX 两部分组成,当 AOC 变化时,其组成部分也在变化。紫外线消毒后,水中 AOC 的变化趋势与 P17 一致,当紫外线剂量为 60 mJ/cm² 时,从紫外线照射后 P17、NOX 含量的变化可以看出,紫外线消毒与化学性消毒方法不同。通过紫外线照射过的水样,在 AOC 的组成中,P17 占主要部分,平均为 60.0%,水样中 AOC-P17 的浓度高于 AOC-NOX。而且,紫外线照射对 AOC-NOX 影响较小,三种不同紫外线强度的照射下 AOC-NOX 浓度最大变化只有 18 μg/L。紫外线消毒对 AOC 的影响与氯、氯胺存在很大的差异,主要是由其作用机理与其他化学消毒剂的差别引起的(表 3-2)。

表 3-2 紫外线消毒后 AOC 中各部分组成统计表

编号	紫外线强度 /(mW·cm⁻²)	AOC /(μg·L⁻¹)	P17		NOX	
			数值 /(μg·L⁻¹)	比例/%	数值 /(μg·L⁻¹)	比例/%
1	0(源水)	148.0	71.0	48.0	77.0	52.0
2	0.038	145.0	70.0	48.3	75.0	51.7
3	0.076	202.0	111.0	55.0	91.0	45.0
4	0.153	223.0	128.0	57.4	95.0	42.6

3.3.2 氯与 UV+氯消毒对水中 AOC 的影响

AOC 变化曲线体现了消毒剂对水中有机物的氧化作用。单纯从三种不同浓度的氯消毒来看,氯对水中有机物的影响大致可以分为两个阶段,即高速反应阶段和低速反应阶段。高速反应阶段是氯对水中的中小分子有机物的综合反应结果,体现了两个方面的作用:作用一是消毒剂将小分子有机物氧化成 CO_2 和 H_2O,使 AOC 消减;作用二是将中等分子量有机物氧化成小分子有机物,使 AOC 增加。如图 3-4 所示,在反应初期的 1 h 内,曲线先短时间急剧降低,在 30 min 出现波谷,表明作用一效果显著,而作用二稍微滞后;然后在 1 h 时达到波峰,说明氯在较短的时间内即可完成对大部分中小分子有机物的氧化作用,一些容易和氯反应的有机物在短时间(1 h)内就生成了大量的 AOC,导致 AOC 在 1 h 时急剧升高,水中氯氧化有机物生成 AOC 与消减 AOC 是同步进行的，AOC 的变化由该时刻有机物浓度和主导反应控制。在前 30 min 内，小分子有机物所占比例较大，消减反应为主导反应；30 min 后，大分子有机物被氧化作用显现，AOC 增多。随后反应进入低速反应阶段，AOC 变化幅度降低且速度减慢，分别在 2 h、12 h 再次出现波谷，6 h 达到波峰。这个阶段主要有两个作用：作用一是消毒剂氧化了水样中不可以被微生物直接利用的大分子有机物和可以被 P17 利用的那部分相对较大分子量的有机物，使得可以被 NOX 利用的有机物逐渐增多，体现为 AOC 增加；作用二是消毒剂将可以被 NOX 利用的有机物氧化，从而使 AOC 降低，在 2～4 h 阶段，水中的大分子有机物较多，氯氧化大分子有机物为主导反应，消毒剂主要被大分子有机物消耗，AOC 增加的速度大于 AOC 减少的速度，总体体现为 AOC 缓慢增加。随着反应的进行，水中的大分子有机物逐渐被消耗，小分子有机物增多，消毒剂主要被小分子有机物消耗，小分子有机物被氧化成 CO_2 和 H_2O，导致 AOC 减少，变化曲线上出现了第一个波谷。随着反应时间的进一步延长，一些难以被氧化的有机物逐渐被氧化分解，所生成产物中有一部分是 AOC 类物质，因此水中的 AOC 含量又出现一个高峰，这个增长期持续时间长，在 24 h 左右才出现。但是城市管网中水的停留时间一般为几个小时，因此可以认为，投加氯消毒可以使水中 AOC 升高。

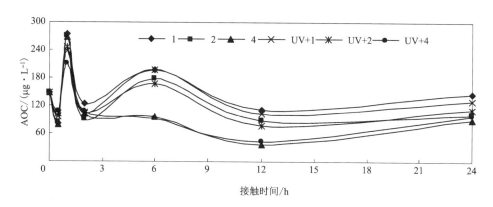

图 3-4　氯与 UV+氯消毒对 AOC 的影响

本书对比研究了氯消毒和 UV+氯联合消毒对有机物的影响，发现在一般的 UV 消毒剂量下（40 mJ/cm²），UV 消毒对有机物的影响较小，紫外线对有机物的氧化能力较弱，只能氧化一部分大分子有机物，使 AOC 浓度峰谷的时间提前。因此，在联合消毒时，AOC 的变化曲线较氯消毒时的变化曲线平缓，在投入消毒剂的前 0.5 h，联合消毒的水样由于 UV 的作用，已经有一部分小分子有机物生成，比单独的氯消毒的 AOC 浓度高（18.3%～27.7%）。在 1.0 h 内，氯氧化了一部分有机物，AOC 降低，1.0 h 后的影响可以不计。

不同的消毒剂种类和剂量对饮用水中营养基质的影响，还体现在水中有机物分子量大小的变化方面。消毒剂能将水中的小分子有机物氧化成二氧化碳和水，或将大分子有机物氧化成小分子有机物，因此，AOC-P17 的大小及其所占的比例也会发生相应的变化。使用氯消毒时，在消毒时间相同时，随着氯投加量增加，AOC-P17 浓度及其占 AOC 的比例逐渐降低。如表 3-3 所示，源水中 AOC-P17 占 AOC 的比例为 48.0%，当氯投加量为 1 mg/L 时，消毒 6 h，AOC 上升到 197 μg/L，但 AOC-P17 所占的比例却只有 26.0%，比源水下降了 22.0%，降幅为 45.8%；当氯投加量为 2 mg/L 时，下降到 23.5%，降幅为 9.6%；当氯投加量为 4 mg/L 时，其所占比例仅为 18.0%，降幅为 23.4%。由此可见，降幅的大小与氯的投加量并不成正比，而且从表 3-3 中还可以看出，AOC-NOX 占 AOC 的比例都大于 50%，也就是说反应中可以被 NOX 利用的物质居多。一般认为水中有机物被氧化后，生成的可同化有机碳主要是 NOX 占优势。AOC-NOX 浓度在氯投加量为 1.0 mg/L 时达到最大浓度（145.60 μg/L），且随着氯投加量的增加而减少。由于能被 P17 利用的有机物容易被氧化成水，AOC-NOX 所占的比例逐渐增加，在氯投加量 4.0 mg/L 时达到最大值 82%。这说明，消毒剂将可被 NOX 利用的有机物进一步氧化，NOX 量开始降低。但是能被 P17 利用的有机物被更多地氧化，从而使得 AOC-NOX 所占的百分比增加。刘成研究了金西水厂滤后水用氯消毒的结果，发现出厂水中 AOC 的组成成分有明显的改变，AOC-P17 占 AOC 的比例由源水的 70%降到出厂水的 53%，AOC-NOX 占总 AOC 的比例由源水的 30%增加到 47%。但是在联合消毒的过程中，AOC 的变化是由两个因素决定的：在紫外线消毒的作用下，AOC 的变化和 P17 的变化一致；而在化学消毒剂的作用下，AOC 的变化和 NOX 的变化一致。总的变化是二者综合作用的结果。随着接触时间的延长，紫外线对有机物的影响越小，化学消毒剂的影响越显著。因此，AOC 总的变化趋势和化学消毒剂一致。表 3-3 是接触时间为 6 h 的 AOC 组成。

表 3-3　不同氯投加量 AOC 中各部分组成统计表

编号	消毒剂量 /(mg·L⁻¹)	AOC /(μg·L⁻¹)	P17/(μg·L⁻¹)		NOX/(μg·L⁻¹)	
			数值	比例/%	数值	比例/%
1	0(源水)	148.00	71.00	48.00	77.00	52.00
2	1	197.00	51.40	26.00	145.60	74.00
3	2	178.00	41.80	23.50	136.20	76.50
4	4	97.00	17.50	18.00	79.50	82.00
5	UV+1	197.00	52.31	26.55	144.69	73.45
6	UV+2	168.00	32.12	19.12	135.88	80.88
7	UV+4	93.00	15.89	17.10	77.11	82.90

3.3.3　氯胺与 UV+氯胺消毒对 AOC 的影响

投加氯胺后，AOC 变化曲线在 12 h 时出现波峰，与加氯消毒波峰出现的时间(6 h)相比有所延迟，12 h 后 AOC 曲线变化趋于平缓。如图 3-5 所示，反应前 4 h，小剂量(1 mg/L 和 2 mg/L)投加氯胺时，AOC 呈现先减少再增加的变化趋势；大剂量(4 mg/L)投加氯胺时，AOC 则表现出先减少后增加的趋势。与氯消毒相比，氯胺消毒出现峰值和谷值的时间滞后。出现这种差异的原因主要在于氯胺与氯不同的化学性能：氯胺在水中主要以氯胺(化合氯)形态存在，氧化还原电位低。也有人认为氯胺通过水解生成的自由氯进行氧化作用。由于氯胺转化成自由氯需要一定的时间，因此氯胺和有机物反应生成 AOC 所需的时间较长，使 AOC 达到峰值的时间相对氯滞后。氯胺的氧化能力比氯差，因而氧化分解水中有机物为 AOC 的能力弱，这就造成了投加氯胺时水中 AOC 浓度变化范围小，整个反应阶段 AOC 水平都在 200 μg/L 以下，而加氯时 AOC 水平则可以最高达到 271 μg/L。因此，氯胺不会像氯一样引起 AOC 大幅度上升，这也决定了其在控制饮用水生物稳定性方面比氯具有优势。氯胺的这一化学性能也说明氯胺的低氧化能力使得其对有机物的进一步氧化分解受到了限制：反应速率慢，反应完成的时间延长(12 h 时出现较明显的波峰)。对中小城市来说，自来水在管网中的停留时间不会超过 12 h，采用氯胺消毒避免了氯在氧化 30 min

时即生成大量 AOC 的弊病。比较氯和氯胺消毒，二者都会造成水中 AOC 浓度上升，上升的程度与消毒剂的氧化能力、消毒剂的剂量以及水中的 TOC 含量有关。消毒剂的氧化能力越强、消毒效果越好，其增加水体中的 AOC 的能力也就越强。如果水体中的营养基质含量高，即便是管网中维持有较高的消毒剂剂量，也会有微生物的再生长现象发生，影响水的生物安全性和化学安全性。

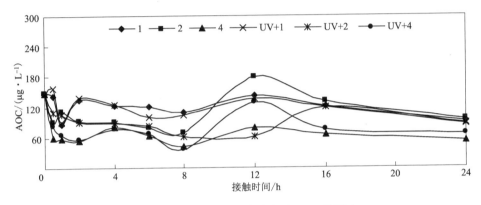

图 3-5 氯胺与 UV+氯胺消毒对 AOC 的影响

在一般的 UV 消毒剂量（40 mJ/cm²）下，UV 消毒对有机物的影响较小，紫外线对有机物的氧化能力较弱，因此，UV 和氯胺联合消毒时，AOC 的变化曲线较氯消毒时的变化曲线平缓。

在 AOC 各组成部分所占比例方面（表 3-4），投加氯胺 6 h 后，AOC-P17 所占比例由源水的 48.0%最低降到 32.0%（氯胺投加量为 2 mg/L），变化趋势并不像氯氧化一样随着消毒剂浓度的增加而逐渐减少，而是略有起伏；AOC-NOX 所占比例随氯胺投加量增加，当氯胺浓度为 2 mg/L 时，达到最大值 61.8 μg/L，占 68.0%，即该浓度下更适于生成可以被 NOX 利用的有机物。随着氯胺投加量的进一步增加，两者均开始下降，但是降幅比氯氧化时小，这可能是由氯胺的氧化还原电位低于氯、氧化能力较弱引起的。在组合消毒方面，AOC 的组成并没有明显的变化，原因可能为表 3-4 中的 AOC 数据是接触时间为 6 h 的 AOC 数据，此时紫外线对 AOC 的影响已经被氯胺的影响所消除，因此 AOC 的变化主要由氯胺的影响来主导，AOC 的变化和 NOX 的变化一致。

表 3-4　不同氯胺投加量 AOC 中各部分组成统计表

编号	消毒剂量 /(mg·L⁻¹)	AOC/ (μg·L⁻¹)	P17/(μg·L⁻¹)		NOX/(μg·L⁻¹)	
			数值	比例/%	数值	比例/%
1	0(源水)	148.0	71.0	48.0	77.0	52.0
2	1	123.0	51.0	41.5	72.0	58.5
3	2	90.9	29.1	32.0	61.8	68.0
4	4	81.0	32.0	39.5	49.0	60.5
5	UV+1	125.0	65.0	52.0	60.0	48.0
6	UV+2	88.0	36.0	41.0	52.0	59.0
7	UV+4	76.0	30.0	39.5	46.0	60.5

3.3.4　ClO_2 与 UV+ClO_2 对 AOC 的影响

ClO_2 氧化能力极强，能将水中的大分子有机物氧化成以含氧基团为主的中、小分子有机物，而小分子有机物的增多会导致可同化有机碳（AOC）的增加，从而降低出水的生物稳定性。有研究表明，只有含有活性官能团或还原性氢的有机物才能被二氧化氯氧化，而二氧化氯与天然有机物中的腐殖酸部分之间的反应主要发生在分子上的芳香环部分，二氧化氯优先与大分子有机物的反应活性要明显高于小分子有机物。针对地下水和地表水的研究发现，二者反应前后 NOM 中分子量分布的变化以及与二氧化氯的反应程度很相似。

由图 3-6、表 3-5 可知，ClO_2 消毒后，AOC 的浓度在前 4 h 是增加的，并没有呈现出像氯或氯胺消毒那样先升后降的趋势，这是因为 ClO_2 只将大分子有机物转变为小分子有机物，而 ClO_2 优先与大分子有机物反应的活性要明显高于小分子有机物，在水中还存在大分子有机物时，它不会将小分子有机物氧化成 CO_2 和 H_2O，所以水中的 AOC 浓度不会一直上升。ClO_2 浓度对 AOC 浓度变化有一定的影响，高浓度比低浓度 AOC 增加的速率快，能提前达到 AOC 的峰值，而且数值较大。接触时间对水中有机物含量的变化也有影响。ClO_2 投加量相同时，接触时间越长，随着水中大分子有机物耗尽，AOC 慢慢开始和消毒剂反应，从而导致 AOC 浓度逐渐降低，接触 24 h 后的 AOC 浓度较 30 min 时均有所降低。ClO_2 投加量为 1 mg/L 时，消毒 24 h 后 AOC 浓度低于源水滤出水的

AOC 浓度，这说明随着 ClO_2 投加量的增加，水中有更多草酸类物质生成，从而导致 AOC 升高；而当 ClO_2 过量时，生成的草酸类物质可继续与 ClO_2 反应，生成不易被 NOX 吸收的有机物或者 CO_2，从而降低了 AOC 浓度，提高了出水的生物稳定性。当然，这个浓度值的确定和水质有关。组合消毒时，UV 对 AOC 的变化影响不大，UV 在较低的剂量下，和水中一部分有机物反应，这和 ClO_2 的性质一致。因此，组合消毒能够使 AOC 浓度提前达到峰值，这一点和氯、氯胺一致。

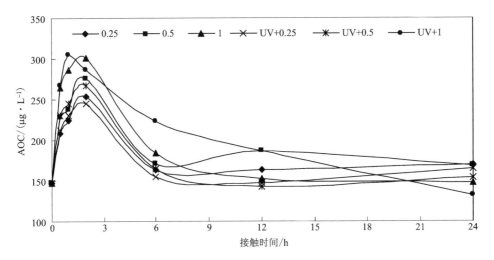

图 3-6　ClO_2 与 UV+ ClO_2 消毒对 AOC 的影响

表 3-5　不同 ClO_2 投加量 AOC 中各部分组成统计表

编号	消毒剂量 /$(mg \cdot L^{-1})$	AOC /$(\mu g \cdot L^{-1})$	P17/$(\mu g \cdot L^{-1})$		NOX/$(\mu g \cdot L^{-1})$	
			数值	比例/%	数值	比例/%
1	0(源水)	148.00	71.00	48.00	77.00	52.00
2	0.25	163.00	35.86	22.00	127.14	78.00
3	0.5	171.00	41.90	24.50	129.10	75.50
4	1	184.00	33.12	18.00	150.88	82.00
5	UV+0.25	155.00	36.50	23.55	118.50	76.45
6	UV+0.5	165.00	33.50	20.30	131.50	79.70
7	UV+1	223.00	38.13	17.10	184.87	82.90

试验用水的初始 AOC 浓度为 148 μg/L，其中 AOC-P17 约为 71 μg/L，AOC-NOX 约为 77 μg/L，投加 ClO_2 后反应 6 h，AOC-P17 的增加量很少，但 AOC-NOX 的增加量很大，为 118.50~184.87 μg/L。P17 和 NOX 的区别主要是 P17 能利用水中大部分易降解有机物，如氨基酸、羧酸、乙醇和碳水化合物（多糖除外），但不能利用草酸，而 NOX 则可以将草酸作为生长基质。本试验中 NOX 大量生长的现象说明 ClO_2 与水中有机物反应的主要产物是草酸类有机物。

3.4 不同消毒工艺对水中有机物荧光特性的影响

水中的溶解性有机物内含有不同的荧光基团，其荧光特性包含了结构、官能团、构型、非均质性、分子内与分子间的动力学特性等有关信息。当受到特定波长光线的激发照射时，有机分子中的电子会被激发并且跃迁到空的轨道，当电子从最低的激发态回到基态时所发出的光叫作荧光，有机物通过其结构中不同官能团的芳香结构以及不饱和脂肪酸链表现出不同的荧光特性。基于此原理，采用三维荧光光谱（three-dimensional excitation/emission matric，3DEEM）技术能够获得激发波长和发射波长同时变化时的荧光强度（FI）信息，能识别和表征复杂体系中荧光光谱重叠的对象。

3DEEM 是非常有用的光谱指纹技术，用其表征样品中不同的组成结构，具有快速高效、在样品测试过程中不会造成组分结构破坏、灵敏度高、选择性好等优点，是样品溶解性有机物组分分析的有效手段之一。在受污染的源水中，有两种主要的溶解性有机物能够发射荧光，一种是腐殖质（蓝色荧光），另一种是蛋白质（紫外线荧光）。当水体中的荧光性质发生变化，将出现荧光特征峰荧光强度（FI）的变化，还有可能引起峰位置的变化，表现为红移（red shift）和蓝移（hypsochromic shift or blue shift）（或紫移）。荧光基团周围环境极性变大时蓝移，变小时红移。由于空间阻碍，共轭体系被破坏而发生蓝移，其最大吸收波长向短波长方向移动，即波长变短。造成蓝移的原因：一是位阻效应使得各官能团不易处于同一平面上，导致共轭效应降低；二是引入的吸电子的官能团也会减弱共轭效应，使得波长蓝移。如果外来物质的加入使得荧光性质改变，则荧光基团的疏水性增加，极性变小。造成蓝移的官能团如—COOR 基团，能产生紫外线——可见吸收的官能团如一个或几个不饱和基团，或不饱和杂原子基团如 C＝C，C＝O，N＝N，N＝O 等，这些基团称为生色团（chromophore）或助色团（auxochrome），即本身在 200 nm 以上不产生吸收，但其存在能增强生色团的生色能力（改变分子的吸收位置和增加吸收强度）的一类基团。反之，引入基团使亲水性增强，极性变大则发生红移。

三维荧光光谱图利用分子荧光光度仪（HITACHI Model F-4500）获得，以 150W 氙弧灯为激发光源，激发光波长范围为 200~500 nm，发射光波长范围为 200~500 nm，激发光和发射光的带宽均为 10 nm，扫描速度为 1200 nm/min，相应时间为自动方式，扫描光谱仪进行仪器自动校正。可通过对激发与发射波长同时变换时荧光强度（FI）信息以及多组分复杂体系中荧光光谱重叠对象的识别和表征来获取光谱指纹。

三维荧光光谱有两种表示形式：等（强度）高线图（contour plot）和等角三维投影图（3D plot or surface plot）。其中，等（强度）高线图易于获取更多信息，试验结果作图选用等（强度）高线图表征各组分特性。试验数据使用 ORIGIN 软件进行转换与分析，通过 SURGER 软件进行图像处理。国内外相关研究总结 3DEEM 光谱荧光区域划分如表 3-6 所示，3DEEM 谱图中的峰位根据该表进行判定以定性分析样品主要荧光物质组分。

表 3-6　3DEEM 光谱荧光区域划分

区域划分	有机物类型	λ_{ex}/nm	λ_{em}/nm
I	芳香族蛋白质（酪氨酸）	220~250	280~330
II	芳香族蛋白质	220~250	330~380
III	类富里酸	230~280	380~500
IV	溶解性微生物产物	250~370	300~380
V	腐殖酸	280~400	380~500

高连敬等利用三维荧光技术研究了某净水厂水处理过程中水体有机物变化规律，结合荧光区域积分方法提取有效的荧光光谱特征，研究了水处理过程中不同类型有机物的去除状况，结果发现荧光类物质主要集中在混凝沉淀和 O_3-BAC 阶段。在消毒阶段，由于水中的荧光类物质本底值很低，因此氯消毒

对荧光类物质的影响很小，所占比例不到 3.0%。本书采用三维荧光技术研究了不同消毒方法对水中荧光类物质的影响。

源水的 3DEEM 等(强度)高线图如图 3-7 所示。根据表 3-6 的分类方法，荧光峰 A 和 C 属于腐殖酸类荧光，其中荧光峰 A 为紫外线区富里酸类荧光，荧光峰 C 为可见区腐殖酸类荧光；荧光峰 B 和 T 属于蛋白类荧光，其中荧光峰 B 为芳香族蛋白类荧光，主要是色氨酸，荧光峰 T 为溶解性微生物代谢产物类荧光。

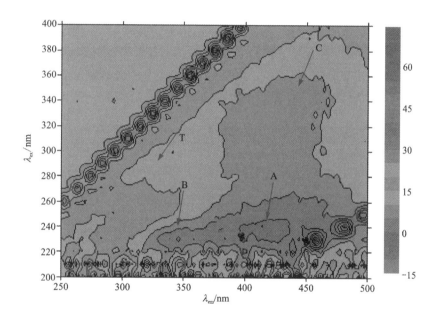

图 3-7　源水中的三维荧光光谱等(强度)高线图

源水(空白对照)中存在两个主要荧光特征峰 A 和 B，中心位置($\lambda_{ex}/\lambda_{em}$)分别位于 $225\sim230$ nm/$425\sim430$ nm 与 $220\sim230$ nm/$340\sim350$ nm。荧光峰 A 是紫外线区富里酸类荧光，荧光峰 B 是色氨酸类荧光，荧光峰的荧光强度与分子量大小有关。大多数研究认为，荧光峰 T 主要是微生物代谢产物，与大分子有机物或胶体颗粒物有关，而荧光峰 B 代表的是小分子有机物。在腐殖酸类荧光区，分子量较小的富里酸类荧光峰 A 往往比腐殖酸类荧光峰 C 强度高。

另外，荧光强度(FI)也可以反映源水水质特征。由于蛋白类荧光主要来自水生生物自身代谢产生的生源污染以及人类活动产生的生产生活污水,本试验所用源水为膜过滤后的出水,水中的此类物质绝大多数被去除,本底值很低,从荧光峰的分布位置来看,源水中蛋白类荧光峰较低,主要是色氨酸类荧光(荧光峰 B),这和本实验所用的源水水质是吻合的。

不同的消毒方法对水中的有机物有不同的影响,主要表现为荧光强度减弱和波长的变化(即蓝移或红移现象)。氯消毒出水的 EEM 光谱(图 3-8)与空白对照(图 3-7)相比,主要荧光特征峰 A 和 B 的荧光强度发生了明显的衰减,处理过程中荧光峰 A 和 B 的荧光强度衰减率分别为 10.47% 和 8.85%。荧光峰 A 的荧光强度去除率较大,因此荧光峰 A 常被认为与水中易生物降解组分联系最紧密,这与 Reynolds 等的研究结果相类似。同时,Sheng 等认为荧光峰 A 与荧光峰 B 的荧光强度比值反应了蛋白质的结构组成,也可以作为水中荧光特征之一。本试验中源水的荧光峰 A 与荧光峰 B 的荧光强度比为 1.02,氯消毒后荧光峰 A 与荧光峰 B 的荧光强度比为 1.00,并没有显著性变化。

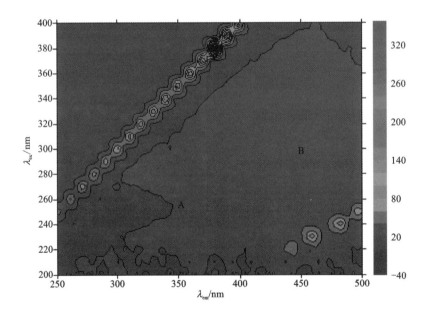

图 3-8　氯消毒后水中三维荧光光谱等(强度)高线图

从荧光峰 A 和 B 的中心位置看,与源水 3DEEM 相比,氯消毒出水荧光峰

A 蓝移了 10 nm，荧光峰 B 蓝移了 5 nm。蓝移与氧化作用导致的结构变化有关。如稠环芳烃分解为小分子，又如 π 电子系统，芳香环和共轭基团数量的减少引起环状结构变为非线性结构或特定功能的官能团如羰基、羟基和胺基的消失。那么是否可以认为在消毒过程中，类蛋白质的共轭基团、芳香环等被分解为小分子，荧光特征峰发生蓝移，同时荧光强度也有较大程度的消减？具体的机理还有待进一步研究。

氯胺的氧化能力弱，因此氯胺消毒对水中有机物的影响较小。氯胺消毒出水的 EEM 光谱(图 3-9)与空白对照(图 3-7)相比变化小，主要荧光特征峰 A 和 B 的荧光强度发生了衰减，但是衰减幅度小，消毒过程中荧光峰 A 和 B 的荧光强度衰减率分别为 2.86% 和 8.31%。

而二氧化氯由于其独特的氧化能力，优先与水中的大分子有机物反应，生成了小分子有机物，因此，对表示小分子有机物的荧光峰 A 而言，荧光强度不仅没有下降，反而增加了 3.98%，且最强峰的位置发生了红移，中心位置($\lambda_{ex}/\lambda_{em}$)红移至 230/430 nm，红移了 10 nm，而是否发生红移与水质有关，一般采用荧光指数来分析。荧光指数 $f_{450/500}$ 表示激发波长 370 nm 时，发射波长 450 nm 和 500 nm 处对应的荧光强度比值。荧光指数通常用来判断水体中腐殖类有机物的来源。受生物来源污染的水体的荧光指数约为 1.4，本试验中为 1.22，表明水中的腐殖质主要为生物源，含有的芳香结构少。在荧光峰 B 的位置，强度减弱了 0.13%。

UV 由于对"两虫"具有独特的灭活效果，近年来应用较多，但是其效果主要体现为对微生物灭活，对水中的有机物影响较小。结合前面的 AOC 变化分析，UV 的加入仅仅使 AOC 出现峰值的时间提前，因此，组合消毒后其荧光值和单独的化学消毒区别不大(表 3-7)。

表 3-7　不同消毒方式有机物的荧光光谱特性参数

编号	消毒方式	荧光峰 A		荧光峰 B		峰强度比
		$\lambda_{ex}/\lambda_{em}$ 波长	强度	$\lambda_{ex}/\lambda_{em}$ 波长	强度	(F_A/F_B)
1	空白	230/422	37.71	230/345	37.04	1.02
2	氯	230/410	33.76	230/335	33.78	1.00
3	氯胺	230/420	36.96	230/340	36.63	1.01

续表3-7

编号	消毒方式	荧光峰 A		荧光峰 B		峰强度比
		$\lambda_{ex}/\lambda_{em}$ 波长	强度	$\lambda_{ex}/\lambda_{em}$ 波长	强度	(F_A/F_B)
4	二氧化氯	230/430	39.21	230/335	36.99	1.05
5	UV	230/418	36.70	230/338	35.59	1.03
6	UV+氯	230/420	36.96	230/350	36.39	1.02
7	UV+氯胺	230/416	37.24	230/340	36.73	1.01
8	UV+二氧化氯	230/412	37.25	230/342	34.57	1.08

3.5　本章小结

试验研究了 7 种不同消毒方式对水中有机物的影响，其中紫外线采用了比较小的剂量(40 mJ/cm^2)，这种剂量可以灭活水中的"两虫"，而氯、氯胺和二氧化氯是常见的消毒剂。EPA 推荐采用组合消毒方式建立多级消毒屏障，对提高供水安全性、保障人民生活水平具有很重要的意义。试验研究了不同消毒方式对 UV_{254} 、AOC 和三维荧光值的影响，主要结论如下。

①针对 7 种不同的消毒组合：(a) UV, 40 mJ/cm^2 ；(b) Cl$_2$, 1.0 mg/L；(c)氯胺, 2.0 mg/L；(d) ClO$_2$, 0.5 mg/L；(e) UV + ClO$_2$ ；(f) UV+氯胺；(g) UV+ ClO$_2$ 。常见的消毒方法对 UV_{254} 的影响比较小，单独 UV 、氯、氯胺、二氧化氯对 UV_{254} 的去除率分别为 1.12% 、3.34% 、2.86% 、5.83% 。三种组合消毒中，UV 对化学消毒剂的帮助不大。UV+ClO$_2$ 对 UV_{254} 的去除率最高，达到 6.12% 。但总的去除率都不高，可能的原因为：试验用水是膜生物反应器的出水，水中的芳香族物质较少，水中的 UV_{254} 本底值很低；消毒剂浓度不是太高，对水中残留的低浓度有机物无能为力。

②不同的消毒方式对水中 AOC 的影响具有不同的特征。UV 消毒时，低强度(0.038 mW/cm^2)的 UV 照射对水中的营养基质没有影响，中高强度(0.076 mW/cm^2 和 0.153 mW/cm^2)的 UV 照射后，水中营养基质随 UV 剂量的增大先降低后升高；AOC 的变化趋势和 AOC-P17 的变化一致；UV 对 AOC-NOX 影响较小。

③氯消毒对水中的营养基质有影响，管网中 AOC 变化是氯氧化使其增大和降解两方面综合作用的结果，AOC 的变化与消毒剂浓度、水中有机物浓度有关。氯对水中有机物的氧化作用，可以分为高速反应和低速反应两个阶段，水中的 AOC 组成中 AOC-NOX 占优势，AOC-P17 浓度较低。UV 和氯组合消毒时，在投入消毒剂前，由于 UV 的作用，水样中已经有一部分小分子有机物生成，比单独的氯消毒的 AOC 浓度高（18.3%~27.7%），后期主要受氯的影响，出现 AOC 浓度"峰谷"的时间提前了，但 AOC 的变化曲线较氯消毒时的变化曲线平缓，AOC 的变化和 NOX 的变化一致。

④氯胺消毒时，管网中 AOC 变化幅度较小，出现高峰的时间较氯滞后，在控制饮用水生物稳定性方面比氯消毒具有优势，AOC 的变化主要受氯胺的影响，AOC 的变化和 NOX 的变化一致。

⑤ClO_2 氧化能力极强，能将水中的大分子有机物氧化成以含氧基团为主的中、小分子有机物，而小分子有机物的增多会导致可同化有机碳（AOC）的增加，从而降低出水的生物稳定性。组合消毒能够使 AOC 浓度提前达到峰值。

⑥不同消毒方式对水中有机物的荧光值的影响主要体现在：本试验采用的源水是三好坞源水经超滤膜过滤而来的，源水的荧光等（强度）高线图中存在两个主要的荧光峰 A 和 B，中心位置（$\lambda_{ex}/\lambda_{em}$）分别位于 225~230 nm/425~430 nm 与 220~230 nm/340~350 nm。荧光峰 A 表示紫外线区富里酸类荧光，荧光峰 B 表示酪氨酸类荧光。氯消毒后，主要荧光特征峰 A 和 B 的荧光强度（FI）发生了明显衰减，衰减率分别为 10.47% 和 8.85%。荧光峰 A 蓝移了 10 nm，荧光峰 B 蓝移了 5 nm，蓝移主要与氧化作用导致的结构变化有关。氯胺的氧化能力弱，因此氯胺消毒对水中有机物的影响较小，荧光峰 A 和 B 的荧光强度衰减率分别为 2.86% 和 8.31%。而二氧化氯由于其独特的氧化能力，荧光峰 A 的荧光强度增加了 3.98%，且最强峰的位置发生了红移，中心位置（$\lambda_{ex}/\lambda_{em}$）红移至 230/430 nm，红移了 10 nm，而是否发生红移与水质有关。组合消毒中 UV 对荧光值的变化几乎没有影响。

第 4 章

模拟管网 UV 组合消毒安全性试验研究

选择合适的消毒剂种类和消毒方式是饮用水水质安全的重要保障，不同的消毒剂种类和消毒剂量对消毒效果具有不同的影响，目前常用的消毒剂有氯、氯胺和二氧化氯等。饮用水中存在的"两虫"隐患使 UV 等消毒方式得到了重视，美国环保局(USEPA)规定必须对"两虫"有 4-log 的灭活率。限制紫外线消毒在饮用水处理中应用的一个重要因素是其在管网中无持续的消毒效果，北美在应用紫外线消毒时一般与氯或者氯胺联合使用。在我国，紫外线消毒在饮用水处理中的应用处于起步阶段，缺少控制紫外线消毒管网生物安全性的理论研究和技术指标体系。张永吉研究了 UV 对大肠杆菌和枯草芽孢杆菌的灭活效果，发现在 10 mJ/cm^2 的剂量时，大肠杆菌可以有 4.66-log 的灭活率；在 40 mJ/cm^2 的剂量时，对枯草芽孢杆菌有 3.3-log 的灭活率。组合消毒可以达到很好的消毒效果，而且消毒剂用量小，消毒副产物少，本章选择氯、氯胺和二氧化氯三种化学消毒剂，和 UV 组成不同的组合消毒方式，研究不同消毒剂剂量与不同组合方式对管网中主体水水质和生物膜微生物消毒效果的影响。

4.1 UV+氯基消毒剂灭活悬浮菌效果试验研究

4.1.1 试验装置

试验装置采用自制的管网动态模拟试验系统，系统由水箱、紫外线灯和 8 台立式转盘反应器(vertical rotating disk reactor, RDR)以及若干不同管径的耐腐蚀橡胶管组成，系统采用非循环运行方式，动态模拟实际供水管网的水力、水质状况，研究不同消毒剂及其组合对管网中有机物和微生物的影响。

RDR 反应器如图 4-1 所示，材质为玻璃，其有效容积为 800 mL，水力停留时间为 50~450 min。每个 RDR 中挂有 24 个 PVC 挂片，挂片的挂膜面积为 19.6 mm²，安装于反应器中取样棒上。RDR 放置在磁力搅拌器上，转子转速为 50~150 r/min。

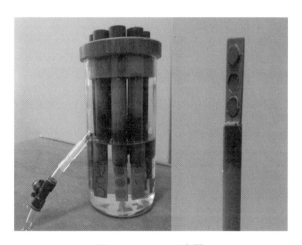

图 4-1　RDR 反应器

4.1.2　试验方法

试验分为两个阶段，即生物膜培养阶段和消毒阶段。

（1）生物膜培养阶段

试验前先使用 10 mg/L 次氯酸钠溶液对反应器和挂片灭菌 24 h，然后用灭菌的自来水和蒸馏水将反应器清洗干净。反应器运行时，使用蠕动泵控制进水流量为 5 mL/min，连续运行。8 台 RDR 反应器同时运行，不投加化学消毒剂，不接受 UV 照射，每台均带有 24 个 PVC 挂片，连续测定生物膜上的 HPC，直到连续 3 d 生物膜上的 HPC 数量级不变，此时可以认定生物膜已经稳定。

（2）消毒阶段

使用蠕动泵将消毒剂泵入 RDR，8 台 RDR 采用不同的消毒方式，其中 1 台为空白对照，3 台为单独的化学消毒剂消毒并分别投加氯、氯胺和二氧化氯，剩下的 4 台采用组合消毒方式(1 台为 UV 空白对照,只接受 UV 照射;另外 3 台为 UV 和化学消毒剂组合消毒,在经过 UV 照射后分别投加氯、氯胺和二氧化氯)。

为了研究消毒剂浓度对消毒效果的影响,采用了高、低两个浓度等级,消毒剂组合情况如表 4-1 所示。朱志良的研究表明:在 TOC 为 2 mg/L 左右时,要达到接触 120 min 后余氯为 1.0 mg/L,需要投加 1.8 mg/L 的氯。氯的计算投加量分别为 1.8 mg/L 和 0.7 mg/L,氯胺的计算投加量为 4.0 mg/L 和 3.0 mg/L,二氧化氯为 1.4 mg/L 和 0.8 mg/L。试验中反应器的液面始终保持在恒定的水平,在 RDR 的出水口取样,测定水中的浑浊度、UV_{254}、BDOC、HPC、BGP,每隔 3 d 取一个挂片,测定生物膜上的 HPC,借此研究不同消毒方式对主体水水质和生物膜微生物消毒效果的影响。

表 4-1　消毒剂试验组合

反应器编号	低消毒剂阶段		高消毒剂阶段	
	挂膜阶段	消毒阶段	挂膜阶段	消毒阶段
1(空白)	0	0	0	0
2	0	氯(0.5 mg/L)	0	氯(1.0 mg/L)
3	0	ClO_2(0.25 mg/L)	0	ClO_2(0.5 mg/L)
4	0	氯胺(1.0 mg/L)	0	氯胺(2.0 mg/L)
5	UV	UV	UV	UV
6	UV	UV+氯(0.5 mg/L)	UV	UV+氯(1.0 mg/L)
7	UV	UV+ClO_2(0.25 mg/L)	UV	UV+ClO_2(0.5 mg/L)
8	UV	UV+氯胺(1.0 mg/L)	UV	UV+氯胺(2.0 mg/L)

4.1.3　消毒效果评价方法

水中病原微生物种类繁多,对每一种微生物都进行检测不仅难以实行,而且也缺乏普适性,不具备推广意义。国内外一般采用总大肠杆菌类(total coliforms)作为指示微生物,但是大肠杆菌等指示微生物比许多病原微生物更容易被灭活,而指示微生物被灭活,并不能保证所有微生物被灭活。评价消毒方法的效果一般采用灭活率 K 的概念。灭活率的计算如下:

$$K = -\lg(N_t/N_0) \qquad\qquad (4-1)$$

式中：K——灭活率；

　　　N_t——灭活作用一定时间后存活的菌落数；

　　　N_0——灭活前的原始菌落数。

采用两种或以上消毒剂进行组合消毒时，不同种类消毒剂对灭活对象的灭活效果产生协同作用或拮抗作用。通常对这种组合消毒效果的评价方法有两种。

方法一：根据 Berenbaum 提出的评价不同消毒剂联合消毒效果的方法，来判断不同种类消毒剂灭活效果之间的作用关系。

Berenbaum 公式的原理是如果混合物中的组分之间不存在相互作用关系，那么不论量效关系如何，都满足以下公式：

$$\sum_{i=1}^{n} \frac{x_i}{y_i} = 1 \qquad\qquad (4-2)$$

式中：x_i——混合物达到一定消毒效果时各组分的浓度；

　　　y_i——各组分单独作用时产生与混合物同样效果时的浓度；

　　　i——各单独组分；

　　　n——组分的数量。

如果计算出的数值小于 1，说明组分之间为协同作用；大于 1 为拮抗作用；等于 1 为相加作用。

方法二：一些学者提出了一种直接根据灭活率来确定是否产生协同作用的方法。如果联合消毒(先后投加消毒剂)能够提供比各自单独投加所达灭活率之和更高的灭活效果，那么该联合消毒就产生了协同作用，即协同效果等于联合消毒达到的灭活率与各自单独消毒灭活率之和的差值。协同效果 $I = I_r - (I_{r1} + I_{r2})$，其中：$I_r$ 是联合消毒的灭活率，I_{r1}、I_{r2} 为单独消毒灭活率。

4.1.4　不同消毒剂浓度对主体水 HPC 的灭活效果比较

消毒剂的投加量对消毒效果有很大的影响，本书比较了三种消毒剂在低浓度、高浓度两种情况下主体水悬浮菌 HPC 的灭活效果。饮用水中细菌种类繁多，它们对营养和其他生长条件的要求差别很大，目前还不存在某种培养基可以使水中所有的细菌均能生长繁殖。因此，某种培养基平板上培养的菌落，只是间接表示水中的细菌学指标。《生活饮用水卫生标准》(GB 5749—2022)规定，管网水的菌落总数不得超过 100 CFU/mL，采用牛肉膏蛋白胨琼脂培养基

（PCA），其营养价值高，使用广泛，但是由于此培养基具有选择性，不能检出产色素菌，因此降低了反映真实结果的价值。

本书中所指的 HPC 是异养菌平板计数法（heterotrophic plate counts，HPC），所采用的培养基为 R_2A。R_2A 培养基是一种贫营养培养基，其提供的培养条件更接近饮用水中的贫营养环境，有利于促进受损细菌的恢复性再生长，因此其测出结果也比牛肉膏蛋白胨培养基高。白晓慧等对比研究了 HPC 和 PCA 的试验结果，对同一个水样，HPC 结果普遍比 PCA 高 1~2 个数量级，而且生长的细菌形态丰富，种类较多。目前，我国水质标准中没有对 HPC 的相关规定，美国国家环保局（USEPA）颁布的《饮用水水质标准》中规定的异养菌总数即以 HPC 为指标，要求不得超过 500 CFU/mL。由于 HPC 对消毒剂的敏感性较大肠杆菌低，所以 HPC 指标是一个比大肠杆菌更为严格的控制指标，可以作为考察水处理效果、指示微生物生长的指标。

试验过程中进水中的 HPC 平均为 5.79×10^3 CFU/mL，低浓度消毒的时候进水中的 HPC 变化范围是 $(3.83 \times 10^3) \sim (1.24 \times 10^4)$ CFU/mL，高浓度消毒的时候进水中的 HPC 变化范围是 $(4.29 \times 10^3) \sim (8.92 \times 10^3)$ CFU/mL。

在挂膜阶段，主体水和管壁生物膜上的微生物利用水中的营养基质生长，反应器停留时间为 450 min。由于主体水中的营养基质不算太高，属于寡营养环境，主体水和生物膜上的微生物存在营养竞争，因此主体水和生物膜的微生物浓度存在比例关系。主体水中的 HPC 不会一直上升，一般来讲，在小管道中，主体水中 HPC 和生物膜中 HPC 的浓度比例大致为 1∶60。

低浓度消毒试验时，反应器主体水中的 HPC 浓度呈现出先升高后降低的变化规律，变化范围为 $(3.86 \times 10^3) \sim (1.86 \times 10^4)$ CFU/mL，最高 HPC 值出现在试验后 7 d 左右，此时生物膜还没有达到最高强度，生殖能力弱，在营养竞争中不具有绝对优势地位。在趋向稳态的过程中，生物膜中的 HPC 浓度逐步升高，使主体水中的营养不够，导致出水中的 HPC 浓度降低，然后稳定维持在一个中间值。在稳态条件下，主体中的 HPC 浓度为 1.24×10^4 CFU/mL，此时生物膜上的微生物浓度维持在 4.2×10^6 CFU/cm^2 量级。高浓度消毒试验时，在稳态状态下，主体水中的 HPC 浓度达到了 4.51×10^4 CFU/mL，比低浓度消毒试验时要高，主要原因是此时温度高。温度对主体水水质和生物膜中的微生物都有影响，在 450 min 的停留时间内，温度对二者的影响不一样，主体水中的微生物对温度变化的响应时间短、变化快，因此体现出较高的微生物浓度。

（1）低浓度消毒对主体水 HPC 的消毒效果

在设定的低浓度条件下，分别投加三种消毒剂后，主体水中的 HPC 急剧下降，空白对照 RDR 的出水中，HPC 还在挂膜阶段的数量级，23 次取样的平均值为 2.43×10^4 CFU/mL。如图 4-2 所示，分别投加了三种不同的消毒剂后，RDR 主体水中的 HPC 浓度下降，稳定到一个较低的值，氯、氯胺和二氧化氯的主体水悬浮菌平均值分别是 1.36×10^3 CFU/mL、2.49×10^3 CFU/mL 和 5.65×10^2 CFU/mL，三种消毒剂的平均灭活率分别为 1.27-log、1.02-log 和 1.82-log，最大灭活率分别为 1.77-log、1.59-log 和 2.63-log。由此可见，二氧化氯对悬浮菌的灭活能力最强，其次是氯，而氯胺灭活水中微生物的能力比氯要低很多，因此在工程中通常不将其作为预消毒剂对进厂水进行处理，而常用作二次消毒剂。不同的消毒剂具有不同的消毒效果，与其消毒机理有很大的关系。氯消毒时主要发挥作用的是次氯酸，次氯酸是中性分子，易扩散到带负电的细菌表面，并通过细菌的细胞壁穿透到细菌的内部，发挥氧化作用破坏细菌的酶系统而使细菌死亡。氯胺是氯与氨反应生成的产物，主要包括一氯胺、二氯胺、三氯胺等三种形式，主要发挥作用的是一氯胺。氯胺消毒有其特点：衰减速度

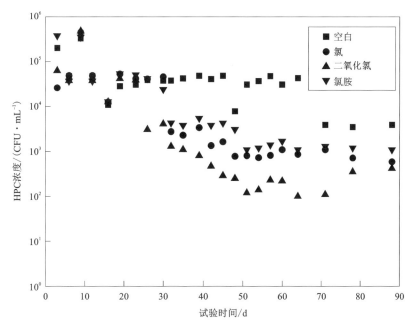

图 4-2　低剂量消毒剂 HPC 浓度变化图

慢,能保证管网系统的余氯浓度,与水中消毒副产物前驱物反应活性低,具有更强的灭活生物膜的能力。二氧化氯作为一种强氧化剂,对细菌、病毒、藻类等微生物均具有良好的灭活效能,二氧化氯主要通过吸附并穿透微生物细胞壁,进而氧化破坏细胞内的基酶而达到灭活微生物的目的。另外,二氧化氯还可以抑制微生物蛋白质的合成,氧化分解蛋白质中的氨基酸使微生物被灭活。

采用低浓度化学消毒剂时,悬浮菌 HPC 值为(1.00×10^2) ~ (5.50×10^3) CFU/mL,除了二氧化氯消毒能达到美国国家环保局(USEPA)标准之外,氯和氯胺都不能达到相关标准,因此,有必要优化消毒方式,比如增大消毒剂投加量或采用组合消毒方式。

(2)高浓度消毒剂对主体水 HPC 的消毒效果

低浓度消毒不能达到 HPC 低于 500 CFU/mL 的 USEPA 标准,因此有必要研究通过提高消毒剂浓度来强化消毒效果,提高饮用水水质。三种消毒剂的浓度如表 4-1 所示,消毒曲线如图 4-3 所示。高浓度消毒剂对悬浮菌 HPC 的灭活率较高,氯、氯胺和二氧化氯三种化学消毒剂的平均灭活率分别为 1.82-log、1.53-log 和 2.41-log,比低浓度时分别提高了 0.45-log、0.51-log 和 0.59-log;最高灭活率分别为 2.13-log、1.86-log 和 2.79-log,分别提高了 0.36-log、0.27-log 和 0.16-log,可见,较高的消毒剂浓度可以取得更好的灭活效果,微生物灭活率随着消毒浓度的增加而增加。增加消毒剂浓度对氯和氯胺效果提高影响明显,而二氧化氯只提高了 0.16-log,原因可能是微生物的培养方式存在系统误差,在低浓度时误差所占的比例很大。

(3)不同消毒剂浓度对主体水 HPC 灭活效果的比较

比较高、低浓度之间的消毒效果,如表 4-2 所示。

表 4-2　消毒剂投加量对悬浮菌 HPC 的灭活率统计表

消毒剂	低浓度		高浓度	
	平均灭活率/-log	最高灭活率/-log	平均灭活率/-log	最高灭活率/-log
氯	1.27	1.77	1.82	2.13
二氧化氯	1.81	2.63	2.41	2.79
氯胺	1.02	1.59	1.53	1.86

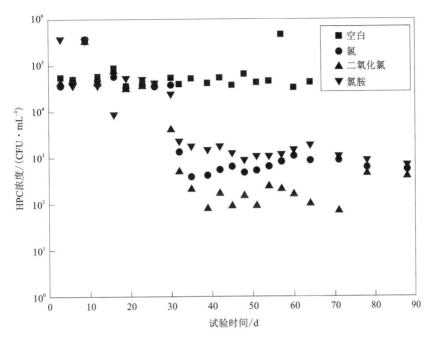

图 4-3　高浓度化学消毒剂 HPC 的浓度变化图

　　从表 4-2 可知,同一种消毒剂,投加量对消毒效果的影响非常大,高浓度比低浓度时效果好,在低浓度时,氯的最高灭活率为 1.77-log,平均灭活率为 1.27-log;而在高浓度时,最高灭活率为 2.13-log,平均灭活率为 1.82-log,分别提高了 20.3% 和 43.3%。二氧化氯在低浓度时,最高灭活率为 2.63-log,平均灭活率为 1.81-log;在高浓度时,最高灭活率为 2.79-log,平均灭活率为 2.41-log,分别提高了 6.08% 和 33.15%。对氯胺来说,低浓度时,最高灭活率为 1.59-log,平均灭活率为 1.02-log;高浓度时,最高灭活率为 1.86-log,平均灭活率为 1.53-log,分别提高了 16.98% 和 50.00%。因此,提高消毒浓度可以达到较好的消毒效果。

　　(4)不同消毒剂种类对主体水 HPC 的灭活效果比较

　　不同的消毒剂具有不同的消毒效果,评价消毒效果的指标为 CT 值,其中 C 指消毒剂浓度(mg/L), T 指接触时间(min)。本试验中,RDR 反应器体积为 900 mL,进水流量为 5.0 mL/min,DRD 反应器为 CSTR 反应器,反应器内流体混合均匀,反应器中的消毒剂浓度处处相等,低、高浓度消毒剂试验时,氯、氯胺和二氧化氯的余氯平均值如表4-3所示。

根据表4-3，在CT值为40 mg·min/L左右时，氯和二氧化氯可以进行效果对比。从图4-2和图4-3可知，氯在CT值为40 mg·min/L左右时，平均灭活率为1.27-log，最高灭活率为1.77-log；二氧化氯在CT值为40 mg·min/L左右时，平均灭活率为2.41-log，最高灭活率为2.79-log。由此可见，在相同的CT值时，二氧化氯比氯的灭活效果好。在CT值为80 mg·min/L左右时，可以进行氯和氯胺效果的对比，氯胺的平均灭活率为1.02-log，最高灭活率为1.59-log；氯的平均灭活率为1.27-log，最高灭活率为1.77-log，因此，可以看出氯比氯胺具有更强的灭活率。总的来说，二氧化氯对去除悬浮菌具有很好的效果。单位浓度的二氧化氯的灭活能力是氯的3~5倍，是氯胺的6~9倍。采用二氧化氯灭活的时候，出水中的HPC浓度较低。作为一种强氧化剂，二氧化氯有能力摧毁更多的细菌个体，原因之一就是二氧化氯可以更快穿透细胞壁和细胞膜，从而进入细菌内部，其主要破坏细菌的硫基团。而氯是不同的反应途径，它和脂多糖反应，摧毁细胞的保护，从而进入细胞内部。

表4-3　不同消毒剂种类的效果

试验阶段	反应器编号	消毒剂种类	消毒剂浓度 $C/(mg \cdot L^{-1})$	停留时间 T/min	CT $/(mg \cdot min \cdot L^{-1})$
低浓度	1	空白	0	160	—
	2	氯	0.22	160	35.2
	3	二氧化氯	0.11	160	17.6
	4	氯胺	0.54	160	86.4
高浓度	5	空白	0	160	—
	6	氯	0.45	160	72.0
	7	二氧化氯	0.26	160	41.6
	8	氯胺	0.98	160	156.8

4.1.5　UV+化学消毒剂组合消毒对主体水 HPC 的灭活效果

为了强化消毒效果,提高管网水水质,考察组合消毒方式对管网主体水 HPC 的灭活效果,本书对比研究了 UV+化学消毒剂与单独的化学消毒剂的消毒效果。对比图 4-2 和图 4-4 可知,与单独的化学消毒剂相比,加了 UV 预消毒后再投加化学消毒剂,总体灭活效果增强,最高灭活率分别为 2.50-log、1.59-log 和 2.89-log。UV+氯比单独的氯最高灭活率提高了 0.73-log,UV+二氧化氯组合比单独的二氧化氯最高灭活率提高了 0.26-log,但是 UV+氯胺组合比单独的氯胺最高灭活率只提高了 0.02-log。由此可见,UV 和氯组合后灭活能力提高很大,二氧化氯次之,氯胺效果不明显。Dykstra 的研究表明,组合消毒有更高的灭活效率,另外,在灭活大肠杆菌等方面,UV+PAA 比单独的 PAA 更有效。但是对氯胺而言,有无 UV 预消毒对消毒效果影响不大。孙文俊研究了 UV+氯组合消毒在不同消毒剂浓度时的生物稳定性,认为在 UV 照射后,加氯量为 1.0 mg/L 时,生物稳定性高。

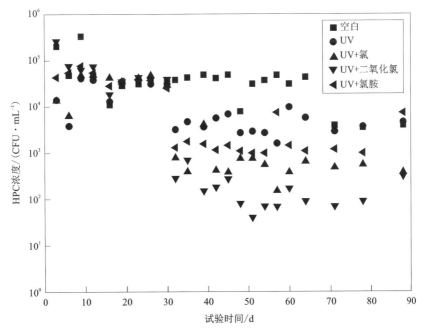

图 4-4　UV+低剂量化学消毒剂组合消毒 HPC 浓度变化图

在消毒剂浓度较高时，UV 和化学消毒剂的组合消毒效果明显，三种组合方式的平均灭活率分别为 2.25-log、2.07-log 和 2.52-log，比单独的化学消毒剂提高 0.43-log、0.54-log 和 0.11-log。其中二氧化氯的提高幅度小，因为单独的二氧化氯已经可以完成消毒任务，组合后悬浮菌浓度很低。但是 HPC 生物培养方法在低浓度时系统误差较大，因此显示为提高幅度小(图 4-5)。

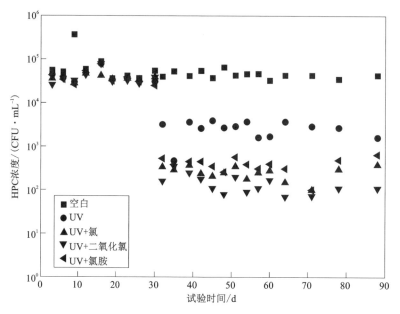

图 4-5　UV+高剂量化学消毒剂组合消毒 HPC 浓度变化图

4.2　不同消毒方式对管壁生物膜 HPC 的灭活效果研究

饮用水管网生物膜会带来一系列水质问题，比如引起水头损失增加、增加生物腐蚀、引起细菌增长等，生物膜中的微生物还会与消毒剂发生反应，使管网中消毒剂的剩余浓度下降，生物膜的脱落会引起饮用水的生物稳定性问题，因此控制管网中的生物膜具有很重要的意义。消毒是控制生物膜的核心技术，但是，过高的"余氯"可能引起消毒副产物的问题，因此，研究合适的消毒剂量就成了水处理工作者的任务之一。本书研究了氯、氯胺、二氧化氯三种化学消毒剂以及 UV+化学消毒剂三种组合消毒方式的高、低浓度对生物膜 HPC 的影响。不同消毒剂的浓度如表 4-1 所示。

4.2.1　化学消毒对生物膜 HPC 的灭活效果

经过挂膜阶段的培养后，挂片上的生物膜长到一定密度，生物膜浓度较高，生物膜中的 HPC 达到 $4.2×10^6$ CFU/cm^2。由于主体水中的 HPC 和生物膜存在营养竞争，主体水中的 HPC 消耗了一部分营养基质，因此生物膜上的 HPC 会恒定在一个数量级。如果生物膜中的细菌营养不够，里层的细菌死亡，生物膜脱落，会导致主体水 HPC 浓度升高，因此在主体水中 HPC 浓度低的时候，生物膜的活性强。

投加消毒剂后，由于消毒剂浓度低，大部分被主体水消耗，因此，生物膜上的 HPC 灭活率很低，氯、氯胺和二氧化氯对生物膜 HPC 的平均灭活率分别只有 1.49-log、1.42-log 和 0.94-log。低浓度时，三种消毒剂对生物膜的灭活效果不好。二氧化氯对生物膜的 HPC 灭活率最低。由于二氧化氯衰减快，氧化能力强，和主体水中的微生物反应快，消毒剂还没有被传输到固-液界面就被消耗掉了，因此灭活能力低。氯胺衰减速度慢，能进入生物膜内部，因此消毒效果好。但是由于投加的消毒剂浓度低，在主体水中又消耗了一部分，因此，浓度很低的氯胺进入生物膜，对生物膜也不能产生很大的伤害，灭活率也不高。消毒剂对主体水的影响要大于对生物膜的影响。消毒剂无法完全"刺入"生物膜，无法完全和生物膜接触，因此效率较低。消毒剂投加后，位于膜、水交界面的细菌首先被灭活，使位于生物膜内部的细菌具有抗性，保护了生物膜内部的细菌。

显然，消毒剂浓度低时，消毒剂不足以灭活生物膜上的 HPC，因为生物膜上的微生物相互黏结在一起，构成完备的生态系统，对消毒剂的抵抗能力强，因此必须提高消毒剂浓度。投加高浓度消毒剂后，灭活率有所提高，氯、氯胺和二氧化氯的灭活率分别为 2.39-log、2.51-log 和 2.86-log，分别提高了 0.90-log、1.09-log 和 1.92-log，提高了 60.40%、76.76% 和 204.26%。水厂控制生物膜生长的主要措施是在管网中保持合适的消毒剂余量，但是管网中的主体水悬浮菌 HPC 和生物膜中的 HPC 存在竞争关系，一定数量的消毒剂余量能够有效控制主体水中的 HPC，对生物膜灭活效果有限。对氯来讲，增大消毒剂浓度对灭活生物膜的效率提升不多，即使保持 3~5 mg/L 的余氯也难以抑制生物膜的形成。而对氯胺和二氧化氯来说，提高消毒剂浓度效果显著（图 4-6、图 4-7）。

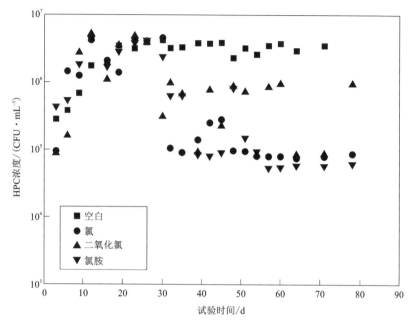

图 4-6　低浓度化学消毒剂对生物膜 HPC 的灭活效果

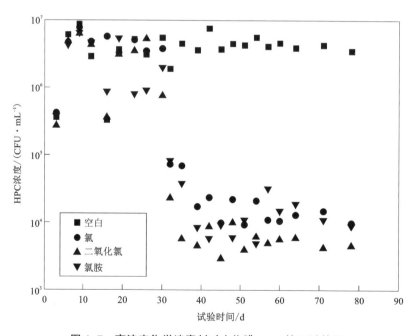

图 4-7　高浓度化学消毒剂对生物膜 HPC 的灭活效果

4.2.2　UV+化学消毒剂组合消毒对生物膜 HPC 的灭活效果

本书研究了不同组合消毒方式对生物膜 HPC 的影响，增加了 UV 消毒后，在低浓度时，化学消毒剂的灭活效果不佳，氯、氯胺和二氧化氯的平均灭活率分别为 1.49-log、1.42-log 和 0.94-log。即使增加了 UV 形成组合消毒，灭活效果也不是很显著，三种组合方式的平均灭活率分别为 1.55-log、1.80-log 和 0.99-log。氯和二氧化氯对生物膜的灭活率比单独的氯消毒提高的幅度不大，分别为 4.03% 和 5.32%；氯胺在组合消毒时比单独消毒时提高幅度较大，达到 26.76%（图 4-8）。

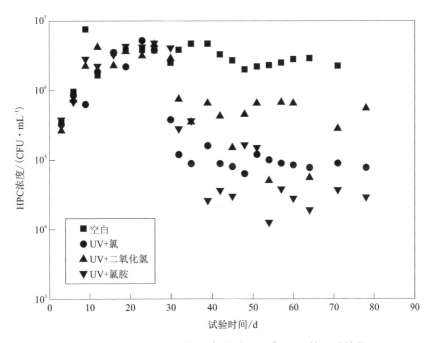

图 4-8　UV+低浓度化学消毒剂对生物膜 HPC 的灭活效果

在高浓度时，三种组合方式的平均灭活率分别为 2.65-log、2.61-log 和 3.11-log，UV+氯胺对生物膜的灭活率比单独的氯胺消毒提高的幅度不大，表明 UV 在消毒剂浓度较高时对灭活生物膜 HPC 帮助很小（图 4-9）。

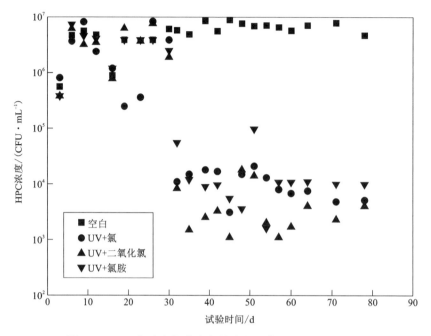

图 4-9　UV+高浓度化学消毒剂对生物膜 HPC 的灭活效果

4.2.3　不同消毒剂种类对生物膜 HPC 的灭活效果比较

不同消毒剂对生物膜的灭活能力可以在相同 CT 值上进行比较。在 CT 为 72 mg·min/L 左右时，氯和二氧化氯可以进行效果对比。氯在 CT 值为 72.0 mg·min/L 时，对生物膜中 HPC 的平均灭活率为 1.49-log；二氧化氯在 CT 值为 67.2 mg·min/L 时，平均灭活率为 2.86-log。在低浓度时，二氧化氯由于衰减快，在主体水中被消耗，对生物膜 HPC 的灭活能力较低，但是如果二氧化氯浓度足够，进入生物膜后，其灭活能力远比氯好。在相同的 CT 值为 140.8 mg·min/L 时，可以进行氯和氯胺效果的对比，氯胺的平均灭活率为 1.42-log，氯的平均灭活率为 2.39-log。

4.3　模拟管网水质沿程变化规律研究

确保出厂水水质在管网输配水系统中的稳定是实现安全优质供水的重要环

节，输配水管网是一个非常庞大的复杂系统，结构布局错综复杂，影响因素众多，要保证饮用水安全，最重要的是控制管网中细菌的再生长，而再生长包括细菌在水中的悬浮生长和在管壁的附着生长。给水管道内的湍流效应显然对细菌的悬浮生长不利；而在管壁的黏滞层中水流速度很小，浓度梯度和布朗运动将细菌和营养基质输送到管壁表面。细菌通过黏附作用在管壁上生长，形成生物膜，生物膜包括微生物、微生物分泌物和微生物碎屑等。微生物大多是以有机物为营养基质的异养菌，异养细菌所具有的独特的饥饿生存适应方式，以及几种异养菌可共同利用大多数基质的特性，使得微生物在含有微量有机物的管网中生存成为可能，贫营养基质下生长的微生物对消毒剂具有更高的抗性。因此，研究组合消毒情况下管网悬浮菌和生物膜生长的影响因素很有必要。水体中的许多因素都能够影响给水管网中的细菌的再生长，归纳起来主要有以下几点：水体中的营养物质、消毒剂的用量、水力条件以及管网环境等。

4.3.1　试验装置

试验装置采用自制的管网动态模拟试验系统，系统由原水箱、紫外线灯和 12 台立式转盘反应器以及若干不同管径的耐腐蚀橡胶管组成，分成 2 组，每组 6 台，1 组为空白对照，只接受紫外线照射。6 台 RDR 串联运行，模拟研究饮用水在供水管网中水质变化规律，包括浑浊度、pH、UV_{254}、BDOC、BPG 等。RDR 进水流量为 3.0 mL/min，单个 RDR 水力停留时间为 300 min；总的水力停留时间为 1800 min，共 30 h。

4.3.2　试验方法

培养阶段：试验前先使用 10 mg/L 次氯酸钠溶液对反应器和挂片灭菌 24 h，然后用灭菌的自来水和蒸馏水将反应器清洗干净。反应器运行时，使用蠕动泵控制进水流量为 3 mL/min，连续运行，不投加化学消毒剂，运行 15 d，此时可以认定生物膜已经稳定。

消毒阶段：使用蠕动泵将消毒剂泵入 RDR，维持 RDR 液面水平，单台 RDR 是一个 CSTR 反应器，6 台串联可以认为是 PF 反应器，可以用于模拟饮用水管网。分别测定每个 RDR 出水的水质指标，研究不同因素对管网水质的影响。

4.3.3 主体水和生物膜微生物的生长曲线

主体水和生物膜中 HPC 都要利用水中的营养基质生长,在生物膜培养阶段,没有投加消毒剂,进水中存在一定数量的 HPC,悬浮菌浓度为 10^4 CFU/mL。在试验的开始 1~3 d,生物膜生长很快,因为水中营养充分,可以认为微生物处于对数增长期;6~9 d,生物密度最大,生物膜增长进入平台期。悬浮菌数量在前期稍有上升,但是变化幅度很小,决定悬浮菌数量生长的限制因子是流体的湍流环境和营养基质。

经过 UV 照射的水样,悬浮菌浓度一直在 10^2 CFU/mL 数量级,迁移附着到管壁的微生物量少,部分活细菌受伤,需要适应恢复。因此,生物膜中微生物在开始 1~3 d 里虽然数量增长很快,但是速率低于没有 UV 照射的水样。6 d 后生物膜密度增加到 10^6 CFU/mL 数量级,因此决定生物膜微生物增长速率的限制因子是营养,而不是生长环境(图 4-10)。

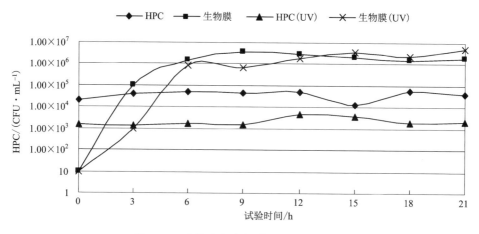

图 4-10 主体水和生物膜 HPC 增长曲线

4.3.4 模拟管网浑浊度变化规律

水的浑浊度是表达水中的悬浮物、胶体物质、浮游生物和微生物等杂质对光所产生效应的参数,是水的感官性状指标。水中的悬浮物一般包括泥土、砂粒、微细的有机物和无机物、浮游生物、微生物和胶体物质等。浑浊度不仅与水中悬浮物质的含量有关，而且与它们的大小、形状及折射系数等有关。浑浊度是用来评价水源水质、净水工艺流程中的净水效果的重要指标，也是重要的饮用水水质指标。

浑浊度属于水质的"替代参数"，因为它并不直接表示水样中各种杂质的含量。但是浑浊度与水中存在的悬浮物、胶体物质等杂质数量是相关的，而且细菌、病毒以及反映消毒副产物生成潜能的有机物，往往依附于形成浑浊度的悬浮物表面，因此降低浑浊度可促进去除水中病原微生物因子的作用，如大肠杆菌、变形虫孢囊、贾第鞭毛虫孢囊、隐孢子虫等。如果将水的浑浊度降低至0.1 NTU 甚至更低，则水中的有机污染物去除率可高达 90%。因此，降低水的浑浊度，不仅为满足感官性状要求，对水质参数中的毒理学指标和细菌学指标也具有积极的意义。

UV+氯、UV+氯胺和 UV+二氧化氯三种组合方式出水的浑浊度都很好，基本都在 1.0 NTU 以下，原因主要有以下几点：①源水进水浑浊度较低，一般都低于 1.0 NTU；②反应器为玻璃制成，壁面上微生物较少，连接管道都是耐腐蚀性的管道，不会对出水的浑浊度产生大的影响；③管路末端出水和进水相当，不存在流速慢、"死水"的情况。

每种消毒方式共有 6 个 RDR 反应器，每个 RDR 检测 5 次浑浊度，三种消毒方式共检测浑浊度数据 90 个，模拟管网水浑浊度检测的结果如图 4-11 所示，浑浊度最大值为 0.86 NTU，最小值为 0.21 NTU，平均值为 0.53 NTU。各检测点浑浊度平均小于 1 NTU，表明该试验管网水的浑浊度符合国家标准。由于进水稳定，三种组合消毒方式出水的浑浊度不存在显著差异。

4.3.5　试验管网水 pH 的变化规律

源水中的 pH 一般在 7.1 左右，由于投加消毒剂，以及管网中微生物的作用，管网中的 pH 变为酸性，这对管网的化学稳定性不利。我国规定出厂水的pH 为 6.6~8.5，推荐值为 8.0~8.5，一般水厂由于投加消毒剂和混凝剂，出厂水的 pH 一般为 6.5~6.8。因此，欧美国家很多都有调碱措施，将出厂水的 pH调到 8.0~8.5，以抑制硫铁细菌生长，延缓生物膜的发育。在碱性条件下，$Fe(OH)_3$ 等溶解度小，生成钝化膜，减轻腐蚀，同时也间接提高了生物稳定性。

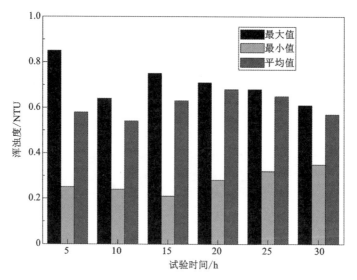

图 4-11　各 RDR 出水浑浊度检测结果

如图 4-12 所示为模拟管网 6 个 RDR 的 pH，平均值为 6.5~6.8，符合国家饮用水的水质标准，但存在生物稳定性的隐患，导致 pH 降低的主要原因是消毒剂投加。

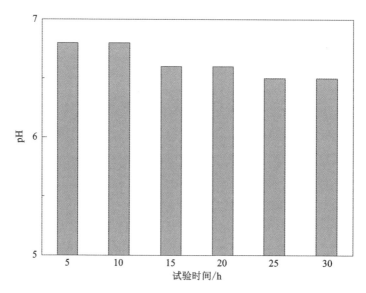

图 4-12　不同检测点 pH 检测结果

4.3.6　模拟管网有机物沿程变化规律

有机物即营养基质是引起管网中微生物增长的重要因素。影响管网中有机营养基质浓度变化的因素很多，如消毒剂的氧化作用、悬浮菌生长的消耗、生物膜的生长、由于化学消毒剂对生物膜的氧化作用向水中释放 AOC 等。张永吉等的研究表明，氯对生物膜的氧化作用导致 AOC 溶出，管网中营养基质增加，使管网水质生物稳定性下降。目前国际上对营养基质在管网中的变化还没有明确的定量化的描述，都属于定性的描述。

目前，国际上普遍采用 BDOC 和 AOC 作为饮用水生物稳定性的指标。BDOC 是指饮用水有机物里可被细菌分解成二氧化碳和水或合成细胞体的部分，是水中细菌和其他微生物新陈代谢的物质和能量来源，包括其同化作用和异化作用的消耗。AOC 是生物可降解有机物中可转化成细胞体的部分有机物。AOC 主要与低分子量有机物有关，它是微生物易于利用的基质，是细菌获得酶活性并对有机物进行共代谢最重要的基质。它通过先建立 P17 和 NOX 两种微生物利用有机物生长微生物增殖的标线，然后根据水样的微生物量反算水中的有机物量。AOC 是 BDOC 的一部分。AOC 成分复杂，包括多种小分子有机物，如醋酸、甲酸、丙酮酸、草酸、甲醛等，这类小分子可以被微生物迅速利用并转化成细胞成分，因此 AOC 比 BDOC 更适合作为生物稳定性的指标，且 AOC 浓度与管网中异养菌生长潜力有较好的相关性。BDOC 是水中细菌和其他微生物新陈代谢的物质和能量来源，但是 BDOC 被完全利用需要一个月的时间，而饮用水在供水系统中保存的时间一般不超过 3 d，用它来表示微生物可以利用的部分不是很准确。因此，一般用 AOC 来评价生物稳定性，用 BDOC 来预测和衡量水处理单元对有机物的去除效率，并预测出厂水需氯量和消毒副产物生成量。

4.3.6.1　AOC 的变化规律

管网中 AOC 的变化规律十分复杂，如消毒剂的氧化、水温、悬浮菌生长、生物膜的消耗等。结合第 3 章的研究结果，AOC 在不同的消毒剂氧化作用下波动，其出现"峰""谷"的时间以及"峰""谷"的大小与消毒剂种类有关。本试验研究了水流在管网中 30 h 的变化曲线，AOC 总的变化趋势为逐步降低，流程前端 AOC 值波动大，波动的幅度与消毒剂的种类有关，二氧化氯波动幅度最大，氯次之，氯胺波动幅度小；流程后端 AOC 数值较低，波动幅度也小。一般认为，在离水厂较近的管网区域，由于消毒剂浓度高，细菌活性受到抑制，细菌量也少，AOC 主要受氧化剂的影响。在远离水厂的管网区域细菌数量大，AOC主要受微生物代谢的影响。

如图 4-13 所示，120 个数据，有 32 个高于 200 μg/L，主要集中在模拟管网前端，最高 AOC 为 342 μg/L，表明管网前端有 AOC 生成，其主要来源于生物膜中 AOC 溶出和消毒剂对有机物的氧化；48 个为 150~200 μg/L；40 个低于150 μg/L。从 AOC 数据来看，水质生物稳定性较高，详细情况需要结合后面的HPC 来分析。

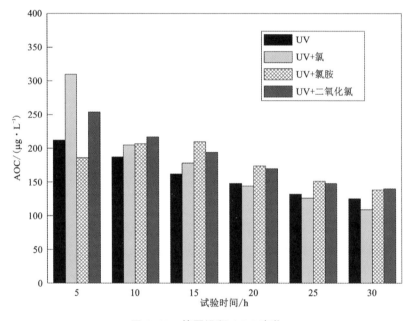

图 4-13　管网沿程 AOC 变化

4.3.6.2　BDOC 的变化规律

在给水管网中，BDOC 是影响管网水质的重要指标，研究 BDOC 在管网中的变化有重要意义，影响 BDOC 变化的 3 个基本参数为水温、余氯和细菌总数。出厂水进入管网后，在距离水厂较近的管道内，出厂水中的微生物浓度低，微生物对有机物的降解作用可以忽略。BDOC 浓度的变化主要受消毒剂的氧化作用影响，随着余氯浓度的降低，其对 BDOC 的氧化作用减弱，水中的微生物和管壁生物膜的活性增强,由于水中微生物的降解作用及管壁上生物膜的吸附和降解作用,造成 BDOC 的衰减。

BDOC 在管网中的变化规律不明显,由于所用的源水为超滤膜出水,小分子有机物多,因此 BDOC 含量较高,120 个数据全部大于 0.20 mg/L,表明源水生物稳定性差(图 4-14)。

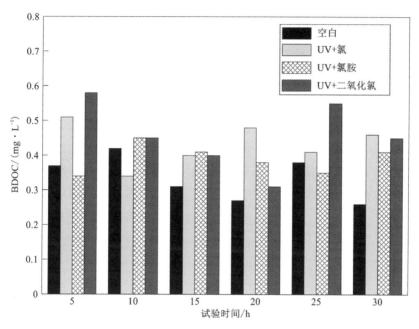

图 4-14 模拟管网沿程 BDOC 变化情况

4.3.7 余氯的变化规律

本书研究了 UV+氯组合消毒管网中的余氯衰减规律,理论加氯量为 1.8 mg/L,对试验管网 6 个检测点的余氯进行检测,每个检测点检测余氯 5 次,共计 30 个数据,其中 5 个数据的余氯在 0.05 mg/L 以下,表明在管网末端余氯很低,存在安全隐患。各检测点余氯统计结果如图 4-15 所示。测试结果的最大值为 0.82 mg/L,最小值为 0 mg/L,平均值为 0.33 mg/L。张永吉等研究了 UV 照射后余氯的衰减规律,认为影响余氯衰减的因素是 pH 和有机物浓度,UV 照射对余氯衰减没有影响。

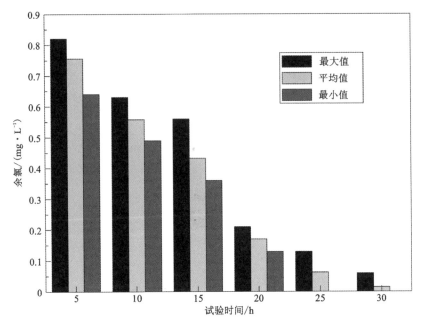

图 4-15　余氯检查统计结果

4.3.8　HPC 的变化规律及影响因素分析

USEPA 中规定了 HPC<500 CFU/mL 的标准，其中有关 HPC 危害的定义为：HPC 不会造成健康风险，是一种测量水体中细菌数量的方法，饮用水 HPC 数量越低说明管网系统细菌生长的控制情况越好。空白对照组 UV 照射后，HPC 在 500 CFU/mL 以下，然后沿程增加，到反应时间为 10 h 后，上升到 1000 CFU/mL 左右，以后稳定在 1000 CFU/mL 以上，表明在管道较长的管网中，单独的 UV 消毒不能保证生物稳定性。组合消毒中 90 个数据，HPC 最大值为 990 CFU/mL，出现在 UV+氯胺消毒的管段中间；最小值为 250 CFU/mL，出现在 UV+二氧化氯消毒的管网起端。

UV 和化学消毒剂组合后，消毒效果好，管网前端基本可以保持在 500 CFU/mL 以下，但是此时消毒剂浓度高，氧化了管网中残留的有机物和生物膜，AOC 增加，因此 HPC 逐步增加。虽然有余氯在起抑制作用，但 HPC 总的趋势还是逐渐升高的。影响 HPC 的原因有三个：营养基质浓度、消毒剂浓度和微生物丰度。本书试图找到 HPC 和 AOC、BDOC 的相关性关系，但是发现相关性很差。AOC 沿程降低，但是 HPC 的总趋势却沿程升高，因此用 AOC 表示生物稳定性存在缺陷。管网中 AOC 总体趋势下降，消毒剂逐渐衰减，微生物丰度逐渐增加，HPC 总的趋势是逐渐升高的，也就是说，HPC 应该和消毒剂浓度负相关，和微生物丰度正相关，而和 AOC 的关系不能确定，需要进一步研究。李爽提出当 AOC 浓度低于 50 μg/L 时水质是生物稳定的，但是研究的澳门水质较好，管网长度短，余氯能长期稳定在 0.5～0.7 mg/L，管网中的 AOC 含量经常低于 50 μg/L，该结论很难有普适性。LeChevallier 发现，当 AOC 浓度低于 54 μg/L 时，大肠杆菌不能生长，因此他建议 AOC 浓度应该限制在 50 μg/L，以限制异养菌生长，van der Kooij 调查了 20 个水厂后认为 AOC 低于 10 μg/L 时异养菌几乎不能生长，饮用水生物稳定很好。本书研究了 HPC 和余氯的相关关系，认为 HPC 和余氯是负相关的，但相关系数小，为 -0.183，表明 HPC 除了和余氯相关外，还有其他影响因子，而哪种影响因子起主要作用还需要进一步研究。HPC 变化情况如图 4-16 所示。

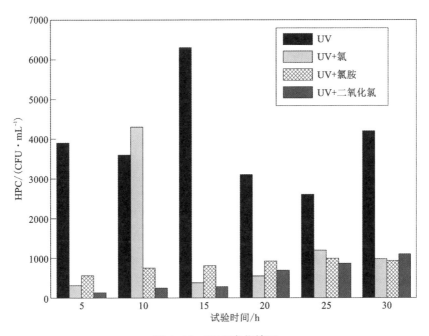

图 4-16　HPC 变化情况

4.3.9　BRP 的变化规律

1995 年，日本学者 Sathasivan 等在研究东京管网水中的限制因子时提出了一种新的生物检测方法——细菌再生长潜力（bacterial regrowth potential，BRP）法，这种方法以水样中的土著微生物为接种菌种，经过适当的培养后对水样中的细菌进行计数，以细菌含量（CFU/mL）表示水样中的有机物在不同无机限制因子条件下支持细菌再生长的潜力。该方法以制水工艺中沉淀池或滤池出水中的细菌为接种菌种，以待测水样中含有的营养物质为细菌生长所需营养基质，恒温培养细菌到生长稳定期后，对水样进行细菌计数，所得结果即为该水样的 BRP 值，可间接反映水样中支持细菌再生长能力的高低。该方法操作简单，只需要常规仪器即可完成；接种细菌为土著混合菌，可充分利用水样中的营养基质，综合了 AOC 法不需要贵重仪器和 BDOC 法不需要特殊菌种的优点。很多研究表明，AOC 和 BDOC 与管网中细菌生长有密切的关系，但相关性都不是很强，生物稳定性是一个综合性的问题，既要考虑作为基质的营养物浓度和表示微生物本底浓度的微生物丰度，也要考虑外界条件对这种增长潜能的抑制，比如氯对微生物再生长的抑制。欧洲国家城市管网很多无消毒剂残余，营养基质是微生物生长的主要限制因子，此时用 AOC 来评价是合适的。但是美洲和亚洲国家城市供水管网中存在消毒剂，消毒剂浓度的影响在某些点甚至超过营养物质的影响。因此采用单一的营养指标来评价不是很合适，采用综合性的指标有可能更好地表示生物稳定性。

空白对照中 UV 消毒后的水样 BRP 大致稳定，15 h 后 BRP 上升，但是上升幅度小，组合消毒中的 BRP 都是先下降后上升，其中二氧化氯的波动最大。

国内外研究 BRP 的文章较少，叶林、陆继来研究了陶粒生物滤池中 BRP 和 BDOC 的相关关系，认为 BRP 和 BDOC 正相关，二者都是沿程降低，相关系数为 0.862。在没有消毒剂及微生物菌种数量丰富的环境，营养物质是限制因子，BRP 和 BDOC 可能正相关，但是在存在消毒剂的管网中，消毒剂的抑制是限制因子，研究中没有得到类似的结论。

本书采用模拟管网，研究了组合消毒后管网水质沿程变化规律，管网前端水质安全性好，能满足 USEPA 关于 HPC 不高于 500 CFU/mL 的规定，但是在较长的管网中，水质会变差，30 h 后几种消毒方式的管网尾端水都出现了 HPC 大于 1000 CFU/mL 的现象（图 4-17）。本试验采用的 PVC 挂片和玻璃反应器都是属于有利生物稳定性的材质,在真实管网中,由于管网长度长、使用年限长、管材不利于生物稳定等,管网末端消毒剂浓度低,水质安全可能存在隐患。

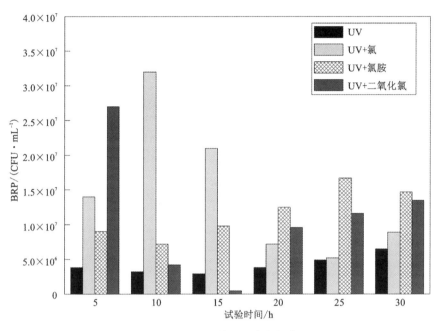

图 4-17　BRP 的沿程变化规律

4.4　本章小结

采用 RDR 反应器组成模拟管网,研究了不同组合消毒方式对主体水 HPC 和生物膜 HPC 的灭活效果,主要结论如下。

①化学消毒剂对悬浮菌 HPC 的灭活效果:单独的化学消毒剂低浓度时消毒效果差,氯、氯胺和二氧化氯对主体水悬浮菌的平均灭活率分别为 1.27-log、1.02-log 和 1.82-log,最大灭活率分别为 1.77-log、1.59-log 和 2.63-log,二氧化氯的灭活能力最强,其次是氯,而氯胺较差。高浓度灭活效果优于低浓度,高浓度的三种消毒剂的平均灭活率分别为 1.82-log、1.53-log 和 2.41-log,分别比低浓度时提高了 32.85%、50.0% 和 32.42%。因此,提高消毒浓度可以

达到较好的消毒效果。

②与单独的化学消毒剂相比，加了 UV 预消毒后再投加化学消毒剂，总体灭活效果增强。低浓度时，UV+氯、UV+氯胺、UV+二氧化氯三种组合消毒的平均灭活率分别为 1.59-log、1.24-log、2.18-log，比单独的化学消毒剂分别提高了 0.32-log、0.22-log、0.36-log。在高浓度时，最高灭活率分别为 2.50-log、1.59-log、2.89-log。消毒效果增加的幅度与消毒剂种类有关，UV+氯比单独的氯最高灭活率提高了 0.73-log，UV+二氧化氯组合比单独的二氧化氯最高灭活率提高了 0.26-log，但是 UV+氯胺组合比单独的氯胺最高灭活率只提高了 0.26-log。由此可见，UV 和氯组合后灭活能力显著提高，二氧化氯次之，氯胺效果不明显。

③消毒剂对生物膜 HPC 的灭活效果：低浓度时，氯、氯胺和二氧化氯对生物膜 HPC 的平均灭活率为 1.49-log、1.42-log 和 0.94-log；投加高浓度消毒剂后，氯、氯胺和二氧化氯的灭活率分别提高到 2.39-log、2.51-log 和 2.86-log，效率提高了 60.40%、76.76% 和 204.26%。消毒剂浓度是灭活生物膜 HPC 的主要影响因素，但是氯增加的幅度比其他消毒剂小。

④增加了 UV 形成组合消毒后，灭活率提高并不显著。低消毒剂浓度时，三种组合方式的平均灭活率分别为 1.55-log、1.80-log 和 0.99-log，比单独的化学消毒剂分别提高了 4.03%、5.32% 和 26.76%，提高幅度较小，表明增加 UV 对灭活生物膜的帮助不大。在高浓度时，三种组合方式的平均灭活率分别为 2.65-log、2.61-log 和 3.11-log。组合消毒对生物膜的灭活率比单独的化学消毒剂提高的幅度不大，UV 对灭活生物膜 HPC 帮助很小，主要原因是 UV 对生物膜是非直接接触的。

⑤生物膜培养阶段，进水中悬浮菌浓度为 10^4 CFU/mL，试验开始后前 1~3 d，生物膜生长很快，因为水中营养充分，可以认为微生物处于对数增长期；6~9 d，生物密度最大，生物膜增长进入平台期。悬浮菌数量在前期稍有上升，但是变化幅度很小，决定悬浮菌数量生长的限制因子是流体的湍流环境和营养基质。经过 UV 照射的水样，悬浮菌浓度一直在 10^2 CFU/mL 数量级，迁移附着到管壁的微生物量少，活性低。生物膜中微生物在前 1~3 d 虽然数量增长很快，但是速率低于没有 UV 照射的水样。6 d 后生物膜密度增加到 10^6 CFU/mL 数量级，因此决定生物膜微生物增长速率的限制因子是营养，而不是生长环境。

⑥在模拟管网中，三种组合消毒方式 UV+氯、UV+氯胺和 UV+二氧化氯出水的浑浊度都很好，基本都在 1.0 NTU 以下，不存在显著差异。主要原因有：源水进水浑浊度较低，都低于 1.0 NTU；反应器为玻璃制成，壁面上微生物较少，连接管道都是耐腐蚀性的管道，不会对出水浑浊度产生大的影响；管路末端出水和进水相当，不存在流速慢、"死水"的情况。

⑦管网中有机物变化规律复杂，AOC 总的变化趋势为逐步降低，UV+氯、UV+二氧化氯消毒时 AOC 的变化幅度大，主要变化在管网前端，UV+氯胺消毒时 AOC 变化幅度小。BDOC 在管网中的变化规律不明显，由于所用的源水为超滤膜出水，小分子有机物多，因此 BDOC 含量较高，全部数据都大于 0.20 mg/L，表明源水生物稳定性差。

⑧研究了 UV+氯组合消毒管网中的余氯衰减规律，共计 30 个余氯数据，最大值为 0.82 mg/L，最小值为 0 mg/L，平均值为 0.33 mg/L，其中 5 个余氯数据在 0.05 mg/L 以下，表明在管网末端余氯很低，存在安全隐患。

⑨单独的 UV 消毒后 15 h 后管网中 HPC 接近 1000 CFU/mL，单独的 UV 消毒不能保证水质安全。组合消毒管网前端基本可以保持在 500 CFU/mL 以下，HPC 逐步升高。HPC 和余氯是负相关的，但相关系数小，为−0.183。HPC 和 AOC、BDOC 的相关性很差。

⑩空白对照中 UV 消毒后的水样 BRP 大致稳定，15 h 后 BRP 上升，但是上升幅度小，组合消毒中的 BRP 都是先下降后上升，二氧化氯的波动最大。在没有消毒剂及微生物菌种数量丰富的环境中，营养物质是限制因子，BRP 和 BDOC 可能正相关，但是在存在消毒剂的管网中，消毒剂的抑制是限制因子，没有得到类似的结论。

本书采用模拟管网，研究了组合消毒后管网水质沿程变化规律，管网前端水质安全性好，能满足 USEPA 关于 HPC 不高于 500 CFU/mL 的规定，但是在较长的管网中，水质会变差，30 h 后几种消毒方式的管网尾端水都出现了 HPC 大于 1000 CFU/mL 的现象。本试验采用的 PVC 挂片和玻璃反应器都是属于有利生物稳定性的材质，在真实管网中，由于管网长度长、使用年限长、管材不利生物稳定等，管网末端消毒剂浓度低，水质安全可能存在隐患。

第 5 章

Cl₂/UV/氯胺多级屏障消毒方法试验研究

《生活饮用水卫生标准》(GB 5749—2022)中生活饮用水消毒剂常规指标及要求如表 5-1 所示。消毒剂浓度最低值是为了控制饮用水中细菌再生长,消毒剂浓度最高值是为了防止饮用水嗅和味、浑浊度问题,并且控制消毒副产物产生,因此,出厂水中投入太多的消毒剂是不合适的。而大型城市供水管网水力停留时间较长,从水厂出水到最终用户往往经过数小时甚至数天,为了使余氯浓度在整个供水管网中分布更加均匀,国外很多大型城市采用了二次加氯消毒的方法来保证供水管网的水质安全。但是二次消毒会增加工程造价,给运行管理带来不便。而多级屏障消毒策略可以满足安全供水的需要,其根据水质和配水管网的特点使用紫外线搭配氯或氯胺的消毒工艺,优越性越来越明显。

本书研究了 Cl₂/UV/氯胺消毒方式的特点及其可行性,并在总加氯量不变的情况下,优化消毒效果,降低消毒副产物的量。其主要思想是利用 Cl₂/UV 的高级氧化作用,降低水中 AOC 浓度,然后投加少量的氯胺来维持管网中的生物稳定性。

表 5-1 生活饮用水消毒剂常规指标及要求

消毒剂名称	与水接触时间 /min	出厂水和末端水限值 /(mg·L⁻¹)	出厂水余量 /(mg·L⁻¹)	末端水余量 /(mg·L⁻¹)
氯气及游离氯	≥30	≤2	≥0.3	≥0.05
一氯胺(总氯)	≥120	≤3	≥0.5	≥0.05
臭氧	≥12	≤0.3	—	≥0.02
二氧化氯	≥30	≤0.8	≥0.1	≥0.02

5.1　饮用水多级屏障消毒理论与架构

5.1.1　多级屏障消毒理论

多级屏障(multi-barrier)是指系统有足够能力去克服人为的错误和自然界不可预知的挑战。对消毒工艺来说,采用多级屏障后,单一环节的失效不会导致整个系统的失效。在饮用水消毒过程中,消毒剂的主要作用有:一是灭活病毒;二是保持余氯以抑制微生物增长;三是尽可能低地产生消毒副产物。但消毒方法单独使用无法满足所有要求:化学消毒剂容易产生消毒副产物并产生遗传毒性的风险,紫外线消毒管网的生物安全性存在隐患。因此,综合使用各种消毒技术会显著提高饮用水安全系数。

消毒工艺的多级屏障策略正是综合考虑了消毒与管网的生物安全性、消毒副产物安全性以及遗传毒性特性而选择的最佳消毒工艺。紫外线消毒在多级屏障策略中发挥着巨大作用,是屏蔽病原体的有效屏障,在对付原生动物、细菌和病毒方面很有效。其缺点是对无消毒剂余量、浑浊度较高的水体效果差。化学消毒剂容易灭活腺病毒,可弥补紫外线无消毒剂余量保护的缺点。多级屏障消毒策略综合各项技术的优势,为饮用水安全提供足够的消毒保障,提高了系统操作的灵活性,大大降低了微生物安全风险,各项技术取长补短,不同的工艺可产生协同作用。以腺病毒为例,先投加氯胺再进行紫外线消毒,在不同氯胺投加量与紫外线强度下,腺病毒平均灭活率为 3.4~4.2-log;而先进行紫外线消毒再补加氯胺,腺病毒的灭活率在 6-log 以上,剩余浓度接近 2.8 mg/L,消毒效率明显优于上一工艺。紫外线、氯联用消毒工艺消毒效果与紫外线、氯胺联用消毒工艺相当,但反应相同时间后余氯浓度较低,且剩余消毒剂持续时间缩短。

5.1.2　消毒多级屏障的基本架构

饮用水消毒多级屏障由三部分组成,即灭活病原微生物、灭活特殊的耐氯微生物、抑制微生物复活。不同的消毒技术有不同的特点,其比较如表 5-2 所示。不同的消毒方法有其局限性,因此,本书构建了消毒多级屏障的构架:先用氯灭活水中的病原菌,然后用 UV 灭活水中的耐氯微生物(隐孢子虫和贾第鞭毛虫），同时以 Cl_2/UV 组成的高级氧化技术（AOP）氧化水中的消毒副产物，最后投加氯胺抑制管网中的微生物复活，保证水中的生物安全。

表 5-2　消毒技术比较

	氯	紫外线	氯胺
消毒效果	①对细菌和病毒效果明显 ②对隐孢子虫、贾第鞭毛虫效果差	①对原生动物、细菌和多数病毒有效 ②对隐孢子虫、贾第鞭毛虫效果好 ③对病毒灭活效果差	①对贾第鞭毛虫、隐孢子虫效果差 ②对病毒的灭活能力不如氯 ③衰减速度慢
化学稳定性	消毒副产物多且毒性大	无副产物	消毒副产物较少
生物稳定性	有机物浓度低时消毒剂余量大，有持续灭活能力	无消毒剂余量	在配水管网持续消毒，消毒剂衰减速度慢，消毒剂余量好

5.2　Cl_2/UV 组合 AOP 的理论基础

从前两章的试验结果得知，饮用水管网生物稳定性的关键指标是 AOC。第 3 章的试验表明，一般浓度的消毒剂无法将 AOC 降到很低，采用光氧化技术可以降低水中的有机物，光氧化法是近 20 年来发展起来的新方法。光氧化法是指在可见光或紫外线（UV）作用下进行的光化学、光催化或光敏化的氧化过程，也称高级氧化法（AOPs）。常见的光氧化有 UV/H_2O_2 技术、UV/O_3 技术，主要依靠羟基自由基（·OH）的强氧化性大幅度地加快对水体中的有机污染物的降解作用。其氧化能力与反应速率远远大于单独使用氧化剂的氧化能力。Cl_2/UV 光氧化技术的主要理论基础是在含有氯的水体中，UV 照射会产生如下反应：

$$Cl_2+H_2O \longrightarrow HOCl+HCl \tag{5-1}$$

$$HOCl \longrightarrow H^++OCl^- \tag{5-2}$$

$$HOCl+HV \longrightarrow \cdot OH+Cl \cdot \tag{5-3}$$

$$OCl^- +HV \longrightarrow O^- +Cl \cdot \tag{5-4}$$

$$O^- +H_2O \longrightarrow \cdot OH^- +OH^- \tag{5-5}$$

当水中存在有机物时，发生其他反应：

$$\cdot OH+CH_3OH \longrightarrow \cdot CH_2OH+H_2O \tag{5-6}$$

$$\cdot CH_2OH+HOCl \longrightarrow ClCH_2OH+ \cdot OH \tag{5-7}$$

$$\cdot CH_2OH+O_2 \longrightarrow \cdot O_2CH_2OH \longrightarrow HCHO+HO_2 \cdot \tag{5-8}$$

反应产生的 $\cdot OH^-$ 具有很强的氧化性，在饮用水中存在天然有机物，二者发生反应降解水中有机物浓度，可以降解水中的消毒副产物和病原菌等，降低色、嗅物质，同时引起氯衰减。Jin 等研究了 Cl₂/UV 反应的 $\cdot OH^-$ 的产率系数，在 pH 为 5 时，反应遵从伪一级反应，吸收波长为 510 nm，Cl₂/UV 的产率系数低于 H₂O₂/UV，但是可以用于氧化水中的消毒副产物。Sichel 研究了 Cl₂/UV 形成 AOP 的可行性及其能量消耗，Cl₂/UV 系统能降低大部分消毒副产物，内分泌干扰物等降解速率为 UV/HOCl>UV/H₂O₂>UV/ClO₂，能节约 30%~50% 的能量。Watts 等研究了 Cl₂/UV 技术产生自由羟基的产率系数，大约为 1.4 molEs⁻¹。Wang 等研究了 Cl₂/UV 系统对 TCE 的降解效果，因为 TCE 是被 $\cdot OH$ 直接氧化，在 pH 为 5 时，Cl₂/UV 比 H₂O₂/UV 系统更有效，随着 pH 上升，Cl₂/UV 系统的效率下降。

5.3　Cl₂/UV 氧化 AOC 的试验研究

5.3.1　试验水样

试验水样见第 3 章表 3-1。

5.3.2　Cl₂/UV 反应试验装置

本试验所用的 Cl₂/UV 反应装置采用自制的圆筒型反应器，由原来的 RDR 反应器改制而成，玻璃圆筒有效容积为 900 mL，紫外线灯功率为 14 W，主波长为 254 mn，插入石英灯套管后再垂直插入反应器，整个反应器外围透光处用锡箔纸覆盖，这样做一方面可以有效防止紫外线射出造成危害，另一方面可以增大光源的利用率。反应器放置在磁力搅拌器上搅拌，运行时转速为 150 r/min。

5.3.3　试验流程

取水样 900 mL，测定源水中的 AOC、DOC、UV_{254} 等指标，将水样倒入反应器中，投加一定浓度的氯消毒，开启 UV 灯照射，在 5 min、10 min 取样，然后关掉 UV 灯，在 15 min、30 min、60 min、2 h、4 h 取样，测定各水样的 AOC、DOC、UV_{254} 等指标，研究 Cl_2/UV 方式对水中有机物的影响。

5.3.4　试验结果

（1）DOC 的变化规律

一般来讲，消毒过程对 DOC 的降解率比较低，因为常规的消毒浓度很难将有机物氧化成 H_2O 和 CO_2。卢宁等研究了二氧化氯对水中 DOC 的影响，在投加量为 2 mg/L 时，DOC 浓度经过 4 h 的反应只下降了 4.8%。Cl_2/UV 联合消毒对 DOC 降解率较高，投加量为 4 mg/L、2 mg/L 和 1 mg/L 时，在前 10 min 对 DOC 的降解率分别为 27.22%、19.27% 和 16.03%。Chenghwa 研究了 Cl_2/UV 技术降解 pCBA 的反应速率，在 1 mg/L 的氯投量时速率很高。DOC 的降低主要和化学消毒剂的浓度相关（图 5-1）。

（2）AOC 的变化规律

Cl_2/UV 消毒方式和 Cl_2 相比，AOC 的变化体现了不同的规律。在试验前 10 min，由于存在 UV、Cl_2 的联合作用，生成的·OH 具有强氧化作用，前 5 min AOC 的下降速度快，投加 4 mg/L 氯和 UV 联合消毒后，AOC 可以降到 56 μg/L，比源水下降了 73.58%，1 mg/L 和 2 mg/L 氯和 UV 联合消毒后，AOC 分别降到 142 μg/L 和 98 μg/L，分别下降了 33.02% 和 53.77%，大大提高了饮用水的生物稳定性。消毒剂浓度越高，AOC 的下降幅度越大。同时由于有机物浓度降低，消毒副产物前提物得到降低，因此可以降低消毒副产物浓度。在 10 min 后 UV 灯关闭，只有氯的氧化作用，AOC 浓度上升，但幅度不大，后面逐步降低，AOC 浓度比单独的氯消毒要低很多（图 5-2）。

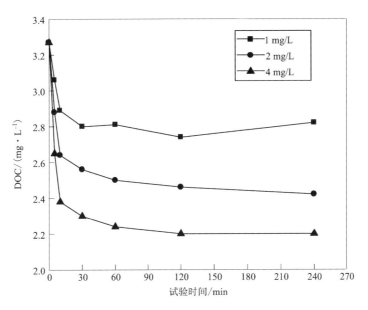

图 5-1　DOC 浓度变化曲线

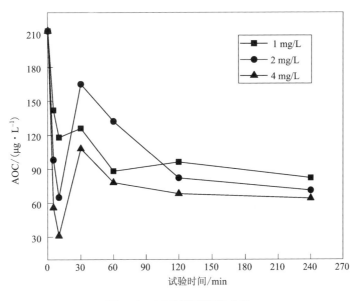

图 5-2　AOC 浓度变化曲线

5.4 Cl₂/UV/氯胺模拟管网水质变化研究

5.4.1 试验装置

试验装置采用自制的管网动态模拟试验系统,系统由水箱、紫外线灯和 12 台 RDR 反应器以及若干不同管径的耐腐蚀橡胶管组成。系统分成 2 组,每组 6 台 RDR 串联运行,模拟研究管网中水质变化,一组投加消毒剂后接受 UV 照射,另一组只投加消毒剂。RDR 进水流量为 3 mL/min,单个 RDR 水力停留时间为 300 min;总的水力停留时间为 1800 min,共 30 h。

5.4.2 试验方法

培养阶段:试验前先使用 10 mg/L 次氯酸钠溶液对反应器和挂片灭菌 24 h,然后用灭菌的自来水和蒸馏水将反应器清洗干净。反应器运行时,使用蠕动泵控制进水流量 3 mL/min,连续运行,不投加化学消毒剂,运行 15 d,此时可以认定生物膜已经稳定。

消毒阶段:使用蠕动泵将消毒剂泵入 RDR,维持 RDR 液面水平,单台 RDR 是一个 CSTR 反应器,6 台 RDR 串联可以认为是 PF 反应器,可以用于模拟饮用水管网。分别测定每台 RDR 出水的 HPC 和余氯等,以研究不同消毒方式对管网水质的影响。

5.4.3 HPC 的变化规律

试验采用了四种不同的组合消毒方式:
方式 1:氯(1 mg/L)+UV(80 mJ/cm²)+氯胺(1 mg/L)。
方式 2:氯(1 mg/L)+UV(80 mJ/cm²)+氯胺(2 mg/L)。
方式 3:氯(2 mg/L)+UV(80 mJ/cm²)+氯胺(1 mg/L)。
方式 4:氯(2 mg/L)+UV(80 mJ/cm²)+氯胺(2 mg/L)。

如图 5-3 所示,四种不同的组合消毒方式有不同的变化规律。预消毒剂是氯,氯浓度对初始 HPC 的浓度影响大,氯浓度为 1 mg/L 时比 2 mg/L 时的 HPC 浓度高,其中方式 1 比方式 2 高 18.42%,方式 3 比方式 4 高 133%;而二次消毒剂是氯胺，氯胺和前期的余氯一起决定管网中的 HPC 浓度，方式 1 和方式 2 的初始氯浓度很低，经过后面的 UV 照射，余氯衰减快，几乎没有余氯，因此后面管网中的 HPC 浓度由氯胺浓度决定。管网中 HPC 浓度沿程上升，方式 1 上升的幅度大，HPC 最高浓度为 790 CFU/mL，比前述单独的氯和单独的氯胺消毒都低，证明联合消毒具有单独消毒不具有的优势。方式 3 和方式 4 的初始氯浓度大，经过 UV 照射后还存在余氯，后面的管网 HPC 由余氯和氯胺浓度一起决定。方式 3 的氯胺浓度低，对管网中的 HPC 抑制能力差，HPC 一直上升；方式 4 由于氯胺浓度高，抑制了管网中 HPC 生长，因此 HPC 一直在 500 CFU/mL 以下，可以保证饮用水安全性。

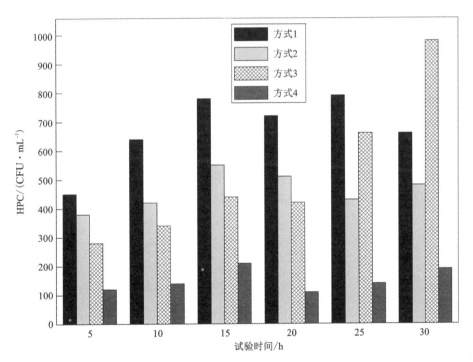

图 5-3　组合消毒方法 HPC 沿程变化规律

5.5 本章小结

本章引进了 USEPA 的多级屏障消毒概念，分析了不同消毒方法的优缺点，通过紫外线消毒组合工艺的消毒特点，针对管网生物安全的需求，构建了消毒多级屏障的框架，得出以下结论：

①紫外线与化学消毒构建了多级屏障策略，Cl_2/UV 组成 AOP 工艺能进一步降低水中的 AOC 和 DOC，降低消毒副产物量，提高生物稳定性。

②通过四种不同消毒方式的对比，可知二次消毒是影响管网生物稳定性的决定因素，高浓度二次消毒剂可以提高管网水质。

第6章

输配水管网管壁生物膜特性研究

生物膜是由微生物、微生物代谢产物、微生物碎屑和胞外聚合物在固–液界面形成的微生物复合体，在给水管网寡营养条件下（有机物的浓度小于 2 mg/L），约有 95% 的细菌附着生长在管壁上形成生物膜。与高营养基质相比，贫营养基质下生长的细菌对消毒剂具有更高的抗性。因此，与悬浮细菌相比，生物膜对环境的适应性更强，即使经过消毒剂处理后，生物膜内的细菌也能很快恢复并再生长。因为生物膜是一个自成系统的生态系统，大分子物质在固–液界面上富集，构成一个营养相对丰富的微环境，为微生物生长繁殖提供了必要的营养物质，即使水中营养物浓度低，流动的水流也能为固定的微生物群落输送营养物质；胞外聚合物有利于细菌的附着固定并能促进膜内微生物获取营养物，同时为内部的微生物提供保护，使生物膜表面下的晶格结构形成营养物质的流动通道，增加吸收营养物质的能力。因此，生物膜为膜内细菌提供了更适宜生长的环境，可以降低消毒剂对细菌的伤害，使膜内细菌能够获取营养和共同的代谢等。

管壁上的生物膜不断生长脱落，细菌不断进入水体，重新带来饮用水的微生物风险，引起管道腐蚀，促进管网中细菌生长，导致水中浑浊度上升、悬浮菌增多、消毒剂消耗。饮用水管壁生物膜已经成为威胁公众安全的重要因素之一，因此开展对生物膜的研究十分必要。Lawrence 等利用 CLSM（透射扫描电镜）对反应器中生物膜的形态结构进行了观察，发现生物膜密度在水平方向和纵向存在差异。本书研究了管壁生物膜的形貌特征和有机物特征，并探讨了生物膜的微生物种类。

6.1 生物膜 SEM 形貌特征

生物膜的主体是微生物，除此之外还有无机离子和有机离子。无机离子为吸附的粉砂、泥浆、无机盐类沉淀物及腐蚀生成物，有机离子如腐殖质、动植物残体及微生物残骸构成了一个小型的稳态生态系统。生物膜外观上为疏松、高含水量、内有孔洞的结构，不同位置的生物膜在细菌数量、组成、分类以及种群结构上各不相同。

为了直观考察不同消毒剂形成的生物膜的区别，对不同消毒方式形成的生物膜进行电镜扫描(SEM)观察。由于不同的消毒方式对水中的有机物和生物膜的影响不同，生物膜上的表面形态可能有区别。由前面的分析可知，UV 照射对生物膜的影响较小，因此，只研究以下 8 种情况下的生物膜特征：

①空白。

②UV+氯(0.5 mg/L)。

③UV+氯胺(1.0 mg/L)。

④UV+二氧化氯(0.25 mg/L)。

⑤UV。

⑥UV+氯(1.0 mg/L)。

⑦UV+氯胺(2.0 mg/L)。

⑧UV+二氧化氯(0.5 mg/L)。

肉眼所见到的生物膜只是一层很薄的膜状物质，但通过扫描电镜观察，管壁上微生物胞外产物等粘连而成的菌胶团很多，细菌在生长繁殖的同时分泌大量胞外多聚基质(extracellular polymeric substances，EPS)。EPS 富含阴离子，高度亲水，主要成分为胞外多糖、蛋白质和 DNA。这种基质黏稠度很大，可黏结单个细菌形成细菌菌落。电镜观察发现，挂片上的表面生物膜具有几个共同特征：①表面具有明显的多孔结构，即坚硬而多孔的表面；②多层晶格结构，表层之下能观察到很多透明物质，在深部也发现粒状物质，表明有细菌生存；③微生物大多分布在外表面，但是在内部空隙中也观察到某些活细菌；④很多微生物形态相似，表明在生物膜表面有生长现象发生。

空白对照[图 6-1(a)]中的生物膜由于没有受到消毒剂的"攻击"，比较均匀密实。本书采用的管材材质为 PVC，相比铸铁管来说，PVC 管不易腐蚀，表面光滑，不易生成生物膜，但是水中各种有机物可能通过与水的相互作用、表面化学反应等作用吸附到 PVC 表面，被吸附的有机物为微生物生长提供了所需要的营养物质，并为它们黏附于管壁创造了条件，而且 PVC 管还可以向水中溶出一些可生物降解有机物。所以，图 6-1(a)中管壁的生物膜密度比较大，可以看到生物膜多孔，具有凹凸不平的表面，复杂多孔的晶格结构表明膜内具有丰富的生物相。

在有消毒剂的时候，生物膜受到消毒剂的"攻击"，生物膜中部分活细菌被灭活，因此外表显得松散而多孔。其中，氯消毒后[图 6-1(b)]，生物膜上的空隙表现为孔洞数量少而大；氯胺消毒后[图 6-1(c)]，由于氯胺具有衰减速度慢的特点，其独特的消毒机理使消毒剂能够"刺入"生物膜内部，因此体现为空洞数量多而小，且内部松散；二氧化氯消毒后[图 6-1(d)]的生物膜看起来凹凸不平，凸起很大；UV 消毒[图 6-1(e)]能引起水中微量的有机物变化、水中营养物质增加，因此，UV 消毒后生物膜中的 HPC 增多，在生物膜形态上体现为比空白对照[图 6-1(a)]更密实。增加消毒剂能抑制生物膜上微生物的增长，进入生物膜内部，因此，体现出比低浓度时更大的侵蚀孔，图 6-1(f)~图 6-1(h)比图 6-1(b)~图 6-1(d)上的生物膜孔洞更大，生物膜的形态可能在其内部有所区别，需要进一步定量分析。

生物膜的主要成分是 EPS，其内部生长着细菌、放线菌和原生动物，共同组成复杂的微生物群落。EPS 可以占到生物膜中有机物总量的 50%~90%，它们共同构成生物膜的空间结构，形成细胞生活的场所，并为在其中生活的微生物提供保护。胞外聚合物的主要成分为微生物产物，成分以多糖（polysaccarides）为主，另外还有蛋白质、核酸和脂类等。胞外聚合物为生物膜带来的好处之一是它作为支撑物质使多种微生物能长时间固定在膜的某一特定位置，减少湍流环境对其生长的影响，使不同微生物在底物的选择和利用方面专一性更强，以及使一些具有共生关系的微生物距离更近，实际上形成了一种功能多样化、协同分工的微生物共生体。生物膜微生物对外界不良环境的抗性明显强于游离态的同种微生物，消毒剂需要穿透这些有机物才能灭活细菌，而这些有机物可以消耗氧化剂。如果没有足够的氧化剂浓度，或者氧化剂的氧化能力低，都很难对生物膜中的细菌造成伤害，这也是前述研究中低浓度氯胺和二氧化氯对生物膜 HPC 灭活效果差的原因。

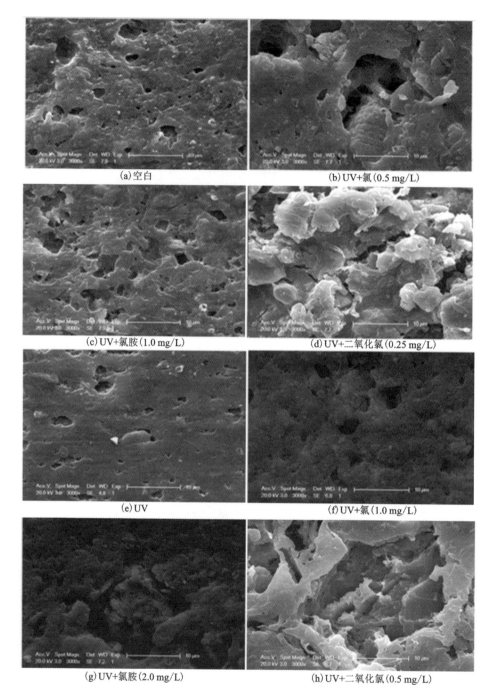

(a)空白   (b)UV+氯(0.5 mg/L)

(c)UV+氯胺(1.0 mg/L)   (d)UV+二氧化氯(0.25 mg/L)

(e)UV   (f)UV+氯(1.0 mg/L)

(g)UV+氯胺(2.0 mg/L)   (h)UV+二氧化氯(0.5 mg/L)

图6-1 不同消毒方式生物膜的 SEM 图

6.2　生物膜原子力显微镜观察

生物膜的主体是微生物，除此之外还含有无机离子、有机离子。无机离子为无机盐类沉淀物、管道腐蚀产物等，有机离子为腐殖质、微生物残骸等。生物膜一般呈黏稠状薄膜，很薄，为 200～300 μm。由于 EPS 的存在，微生物个体互相连接并且黏附在载体表面，从而形成复杂的生物膜体系。SEM 在环境领域应用较多，但难以对微生物与材料表面的相互作用、生物膜的形成和结构特征等进行直观和定量的分析。原子力显微镜（AFM）近年来逐渐在许多领域受到重视，在生物医学、高分子材料、纳米材料、表面科学（如半导体材料、催化剂等）以及原子、分子操纵和纳米加工等领域得到了广泛应用。原子力显微镜可以显示出样品表面微观形貌的直观的三维结构信息，而且还可探测样品表面或界面理化性质，利用原子力显微镜可以对颗粒物或膜状物的表面结构、微观形貌以及界面行为与现象进行观测。本书研究了不同消毒方式产生的生物膜的形貌特征，以期对饮用水管壁生物膜的形貌特征做初步分析。

6.2.1　生物膜培养

生物膜在 RDR 反应器中培养 32 d 后，投加不同种类的消毒剂，88 d 后取出，风干 10 d 后测定。

6.2.2　原子力显微镜观察

采用原子力显微镜（Bioscan TMMI，美国分子成像公司）观察样品表面形貌，测试条件为横向分辨率小于 0.2 nm，最大扫描范围为 20 μm，理论分辨率为（X：0.1 nm；Y：0.1 nm；Z：0.01 nm）。通过原子力显微镜自带的处理软件分析表面粗糙度。

6.2.3　生物膜粗糙度评价

表面粗糙度的表征方法有图形法和参数法两种，最好同时用这两种方法进行表征。图形法用图形表示变面轮廓的测量数据，同时给出评定中线。参数法根据表面粗糙度标准参数的定义和表面轮廓测量数据，通过计算得出该参数表示的测量结果。表示表面粗糙度的常用标准参数有以下两种。

①算术平均偏差 Ra：用于反映表面微观几何形状高度方面的特性，本书中原子力显微镜设定为 10 个测量点的算术平均偏差。

②微观不平度十点高度 Rz：表示在采样长度内五个最大的轮廓峰高 y_{pi} 的平均值与五个最大的轮廓谷深 y_{vi} 的平均值之和。由于微观不平度十点高度只选择 10 个特殊点来测量，测量点数目少，因此反映表面粗糙度高度方面的特性不如 Ra 充分。

原子力显微镜(AFM)对 8 种不同消毒方式的生物膜的数据如表 6-1、图 6-2 所示。从表 6-1 可以看出，不同的消毒方式产生的生物膜的表面形貌具有一定的区别。空白对照中，由于没有消毒剂的影响，其最符合自然状态下生物膜的形貌特征，菌落分布不均，Ra 为 1.520，Ra 最小的是 UV 消毒，为 1.378。低浓度化学剂消毒后，生物膜的 Ra 值都升高了，但是三者还是存在差异：UV+氯胺最小，Ra 为 1.822。有研究表明，氯胺消毒剂的种类对生物膜的形态结构会产生影响，经过氯胺消毒的管网生物膜有更强的聚齐成团的趋势，生物膜结构更加平滑。UV+氯和 UV+二氧化氯对应的 Ra 分别为 1.878 和 2.358，表示二氧化氯消毒后膜面更粗糙。高浓度化学剂消毒后，Ra 的变化并不明显，UV+氯胺最小，为 1.747，而 UV+氯和 UV+二氧化氯分别为 1.901 和 3.369。

原子力显微镜还提供了其他参数来表示生物膜的特征：生物膜凹凸不平，"峰""谷"相间，可以根据"峰"的面积比例表示生物膜的某些特征。空白对照中，膜面上凸起的"峰"所占的比例为 45.90%，颗粒平均直径为 23.07×10^2 nm。竖向高 ΔZ 体现了最高"颗粒"的顶标高 Z_1 和最深孔隙的标高 Z_2 的差值，空白对照中 ΔZ 为 1060.95 nm，属于中等水平。UV 消毒后，"峰"面积比例降为 40.18%，平均直径为 8.93×10^2 nm，凸起的"峰"数量多，粒径小，生物膜均匀密实，ΔZ 为 773.76 nm，均匀度增高了，这和前面的最低 Ra 值相吻合。

化学消毒对生物膜内的细菌具有灭活作用，因此对生物膜的表面形貌和内部结构都有影响。氯胺能"刺入"生物膜内部，孔隙数量多，单个孔隙直径小，"峰"面积所占比例为 47.89%，为三者之中最低，而且由于孔隙多，单个"峰"的面积最小，只有 33.26×10^5 nm^2；平面上高差小，ΔZ 只有 886.59 nm。而氯和二氧化氯由于具有强氧化性，首先攻击的是表面新生的微生物，因此 ΔZ 更大，"峰"面积所占比例增高，氯消毒得到的生物膜 ΔZ 为 1360.75 nm，二氧化氯消毒后的 ΔZ 为 1750.00 nm。高浓度消毒后，这个规律依然存在，氯、氯胺、二氧化氯消毒后的生物膜 ΔZ 分别为 1356.22 nm、723.80 nm、2595.22 nm。

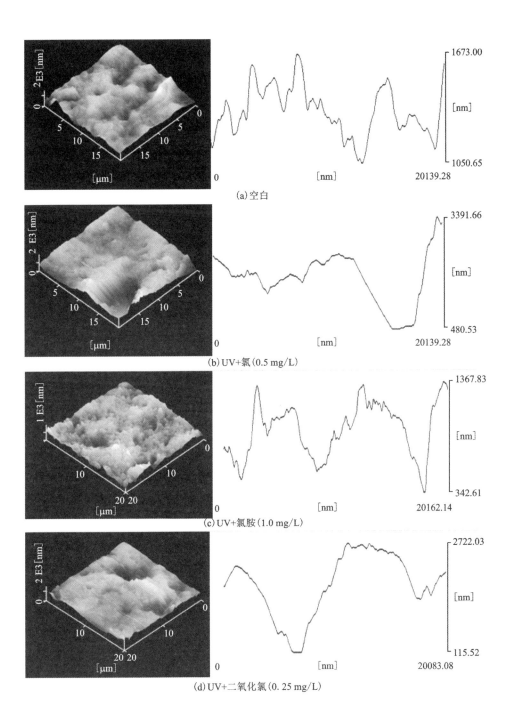

(a) 空白

(b) UV+氯 (0.5 mg/L)

(c) UV+氯胺 (1.0 mg/L)

(d) UV+二氧化氯 (0.25 mg/L)

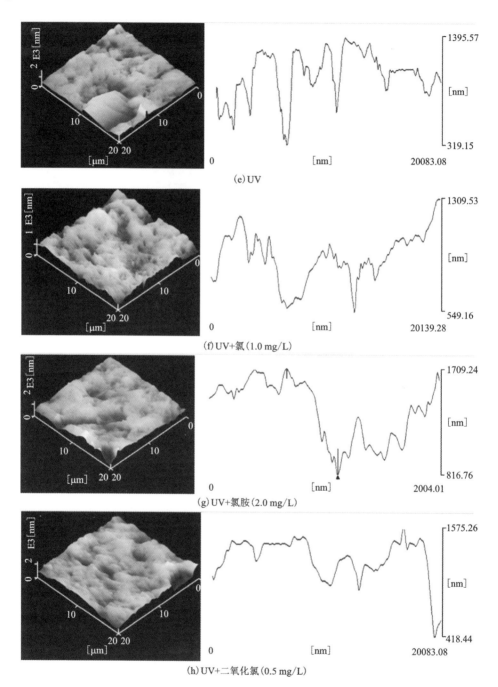

图 6-2　不同消毒方式生物膜的 **AFM** 图

表 6-1　不同消毒方法生物膜的原子力显微镜测量数据统计表

编号	消毒方式	"峰"平面特征				"峰"竖向特征			粗糙度特征		
		平均面积 /10^5 nm²	平均直径 /10^2 nm	"峰"面积 /10^8 nm²	"峰"比例 /%	Z_1 /nm	Z_2 /nm	ΔZ /nm	Ra /10^2 nm	Rq /10^2 nm	Rz /10^2 nm
1	空白	41.79	23.07	1.881	45.90	1390.73	329.78	1060.95	1.520	1.962	4.474
2	UV+氯 (0.5 mg/L)	44.53	23.81	2.227	54.47	1627.25	266.50	1360.75	1.878	2.563	3.027
3	UV+氯胺 (1.0 mg/L)	33.26	20.58	1.962	47.89	1708.48	821.90	886.59	1.822	2.369	6.440
4	UV+ClO₂ (0.25 mg/L)	40.51	22.71	2.552	62.44	2539.49	789.49	1750.00	2.358	3.297	3.112
5	UV	6.26	8.93	1.646	40.18	1490.00	716.24	773.76	1.378	1.808	6.717
6	UV+氯 (1.0 mg/L)	53.87	26.19	2.101	51.28	1751.64	395.42	1356.22	1.901	2.441	3.869
7	UV+氯胺 (2.0 mg/L)	29.54	19.39	2.274	55.51	1306.85	583.04	723.80	1.747	2.361	5.175
8	UV+ClO₂ (0.5 mg/L)	35.29	21.20	2.506	61.16	2714.89	119.68	2595.22	3.369	4.504	17.03

6.3　生物膜的分子量分布

本书对生物膜上的 EPS 分子量分布进行了研究，从而进一步了解生物膜 EPS 所含物质的种类、特征及差异，结果如图 6-3 所示。

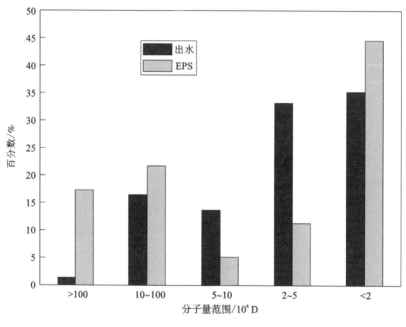

图 6-3　分子量分布图

生物膜的分子量范围为 0~10000 kD，分子量为 100~10000 kD 的有机物占 38.38%。Flemming 认为生物膜的主要组分 EPS 内含多糖、蛋白质、核酸和脂类等，主要成分如表 6-2 所示。张良波研究了土地处理的生物膜的官能团结构和分子量分布，认为其主要官能团为蛋白质类和黏土类物质，其生物膜的分子量分布和本书结论相近。

表 6-2　EPS 的组分和含量

组分	含量/%
多糖	40~95
蛋白质	<60
核酸	<10
脂类	<40

6.4　生物膜的三维荧光物质分析

　　生物膜的主要组成物 EPS 的来源有四种,即细胞分泌物、脱落的细胞表面物质、细胞自溶物以及从周围环境中吸附的物质。蛋白质是 EPS 的主要成分之一。生物膜是各种物质相互作用(如范德华力、静电吸引力、疏水作用及氢键)的产物。

　　本书尝试将三维荧光技术引入饮用水管壁生物膜研究。一般而言,产生荧光的强弱和有机物的分子结构有直接关系。像含有 π 键的芳香族化合物、不饱和碳碳双键(C═C)、羟基、氨基、烷氧基等特征官能团,都是易引发荧光的分子结构。而这些物质在生物膜内普遍存在,采用三维荧光技术对生物膜进行定性和定量分析,有可能进一步了解生物膜内的有机物种类。在经历了不同消毒剂的"攻击"之后,膜内的微生物、有机物以及官能团的数量和结果将发生哪些变化,是我们值得研究的内容。20 世纪 90 年代,有研究者开始利用三维荧光光谱分析水样的来源和成分。由于水处理技术及其效果受水质来源和成分的影响较大,因此三维荧光光谱被广泛应用于水处理技术的分析中。之所以可以采用三维荧光光谱测定水中有机物的成分、含量、来源等信息,是因为水中存在大量可以吸收荧光光源能量并产生荧光跃迁量子的有机物结构。

　　将采用超声波方法提取的 EPS 进行三维荧光光谱分析,采用荧光光度仪(HITACHI F-4500)进行定性和定量分析,激发光源为氙灯,波长扫描范围 λ_{ex} 和 λ_{em} 分别为 200~400 nm 和 250~500 nm,激发和发射狭缝宽度均为 5 nm,扫描速度为 12000 nm/min,增倍管电压(PMT)为 400 V。测试前将水样 pH 调到 7，保持温度 20~25℃。使用 1 cm 荧光比色皿进行测试。每次扫描样品前，均须用 Milli-Q 超纯水进行空白测定，以排除由纯水产生的瑞利散射和拉曼散射峰所造成的影响，并以此控制荧光仪的稳定性。数据用 Origin 8.0 及 Sufer 8.0 处理。

由生物膜 EPS 三维荧光光谱等（浓度）高线图（图 6-4）可以看出，生物膜 EPS 组分中，EPS 谱图中特征峰 B 的荧光强度增强了，源水中特征峰 B 的荧光强度为 37.04，生物膜的特征峰 B 的荧光强度增强到 238.38，增强了 5.44 倍，根据表 3-6 所示的光谱荧光区域划分，特征峰 B 表示的是色氨酸类蛋白质物质，属于芳香族蛋白质，表明生物膜内色氨酸类蛋白质物质增多了，色氨酸类蛋白质在微生物细胞外黏附紧密，组成共同工作的生态系统，并紧紧黏附在管壁上，水力冲刷难以脱落。一些研究表明，特征峰 B 与胞外聚合物中的芳环氨基酸结构有关。

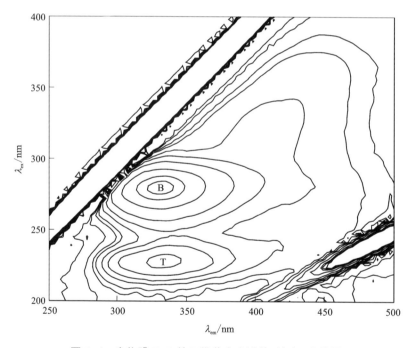

图 6-4　生物膜 EPS 的三维荧光光谱等（浓度）高线图

特征峰 T 表示微生物代谢产物，在进水中没有响应，经过 88 d 的培养后，生物膜内基本上形成了完整的生态系统，生物膜内的微生物经过了长时间的新陈代谢，留下了相当数量的代谢产物，特征峰 T 的荧光强度达到了 226.14，说明生物膜内的微生物丰富。而源水中荧光强度很大的特征峰 A 表示富里酸，几乎没有响应，表示在寡营养环境中，在生物膜中的微生物充分利用了进入生物膜的营养物质。

6.5　供水管网管壁生物膜生物多样性研究

对管壁生物膜微生物种群的类型和数量进行分析和测定十分重要。由于自然界中大部分的微生物类群不可培养，利用传统的依赖于微生物培养和纯种分离的技术来定量描述微生物群落结构和多样性的重要参数受到严重制约。另外，传统技术在培养过程中不可避免地使微生物偏离它们原来的生存环境，从而改变了有关微生物群落原来的结构，导致误差。利用分子生物学的技术则可以克服以上缺点。每种微生物的细胞都具有自己的基因组 DNA，其核酸序列组成也具有各自独有的特征，因此通过直接从环境样品中提取所有微生物的基因组 DNA，依据核苷酸序列的不同，分析这些 DNA 的种类和相对数量，就可以反映出微生物的种类组成以及种群数量比例情况，从而对微生物的群落结构有一个比较客观、全面的认识。

聚合酶链反应(polymerase chain reaction, PCR)是近年来分子生物学领域快速发展和广泛应用的一种技术，能快速、特异地在体外扩增所希望的目的基因或 DNA 片段。PCR 可以看成一项酶促合成 DNA 技术，类似于细胞内的 DNA 复制过程。变性梯度凝胶电泳(DGGE)技术原理是将丙烯酰胺灌进具有垂直浓度梯度的变性剂中，当双链 DNA 片段电泳时，DNA 序列在某一特定的变性剂浓度中发生部分融解，从而影响迁移速度。不同的 GC 含量在凝胶中产生不同的条带，这样可直接观察不同微生物群落的多态性，其中每一条条带都代表一个不同的微生物种群，仅分析条带就能得到很有用的信息。PCR-DGGE 方法被认为是一种测试微生物多样性的半定量的方法，广泛用于环境微生物分析。

6.5.1 试验材料

6.5.1.1 主要试剂

DNA 试剂提取盒；Taq DNA 聚合酶；氨苄青霉素钠（Amp）；溴化已锭（EB）；TAE 缓冲液；葡萄糖；胰蛋白胨；去离子甲酰胺；尿素；pMD18-T 载体；TEMED；sDNA 染料；琼脂糖。

6.5.1.2 主要仪器

PCR 扩增仪：美国 ABI 公司。高速离心机：美国 Heraeus。DGGE 电泳设备：美国 BIO-RAD。凝胶成像设备：中国复日公司。

6.5.2 试验方法

（1）样品的采集

将运行 88 d 的生物膜取下，加适量无菌水置于无菌离心管中，然后放 3~5 颗玻璃珠，置于涡旋振荡器中振荡，最后取悬浮液在 8000 r/min 下离心 10 min，弃去上清液，收集沉淀，保存于-30℃的冰箱中备用。

（2）DNA 提取

①加入 0.5 mL TAE 缓冲液使收集的菌体悬浮，然后与 1 mL GN 结合液混合（轻柔颠倒混匀）。

②将混合液小心转入离心纯化柱，静置至少 3 min，然后在 13000 r/min 下离心 30 s，倒掉收集管里的废液。

③将剩下的混合液也转入离心纯化柱，重复步骤②。

④用 0.5 mL 漂洗液漂洗，13000 r/min 离心 30 s，然后重复漂洗 2~3 次。

⑤将漂洗完毕的离心纯化柱再离心 1 min，彻底去除残留的漂洗液。

⑥将纯化柱套入一个干净的 1.5 mL 离心管中，开盖放置 2~3 min 使漂洗液挥发。加入 100 μL TAE 缓冲液于硅胶膜上，静置 2 min 后 13000 r/min 离心 1 min。

⑦将洗脱液重新吸入离心纯化柱中，再离心一次。

⑧离心管中收集的液体即洗脱下来的 DNA 溶液，取 10 μL DNA 溶液与 5 μL 染料混合，做电泳检测。电泳时电压先调到最大，等两个色带都跑出加样

孔后再将电压调至 60~80 V。

（3）总 DNA 的 PCR 扩增

在分析微生物菌群时，目前被广泛应用的细菌 16S rDNA 的通用引物是 357F/518R（V3 区）、357F/907R（V3~V5 区）及 968F/1401R（V6~V8 区）。在进行 DGGE 分析时，扩增挂片段的长度对结果影响较大，200 bp 左右的片段（V3 区）分离效果较好，但是系统发育分析中往往是分类信息缺乏；450 ~ 500 bp 的片段分类信息丰富，但 DGGE 分离效果不佳。本书选用 357F/518R 引物进行扩增。

①PCR 反应体系。

a. DNA 长片段 PCR 扩增反应体系。

16S rDNA 基因的 PCR 反应体系包括两种引物各 0.5 μL、7.5 μL、4 μL 模板 DNA，总体系为 25 μL。

b. PCR 短片段 PCR 扩增反应体系。

4×Dntp，10×Buffer，引物 341f-GG-Clamp 和 534f 等。

②PCR 反应条件。

全片段 PCR 扩增反应条件为：预变性条件为 94℃、3 min，变性、退火、延伸的扩增条件为 94℃、30 s，55℃、30 s，72℃、1 min，进行 32 个循环，最后在 72℃ 条件下延伸 10 min，在 15℃ 下保存。

短片段 PCR 扩增反应条件为：预变性条件为 94℃、3 min，变性、退火、延伸的扩增条件为 94℃、30 s，55℃、30 s，72℃、1 min，进行 30 个循环，最后在 72℃ 条件下延伸 7 min，在 15℃ 下保存。

③PCR 反应结果。

采用 0.7％琼脂糖电泳来检测通过 PCR 反应的样品 DNA 是否得到了特异性扩增。对取得的生物膜样品 DNA 的 PCR 扩增结果进行检测，结果如图 6-5 所示。通过 PCR 扩增以后，16S rDNA 产物电泳条带进一步增量，说明 DNA 含量进一步提高，可满足 DGGE 的需要。

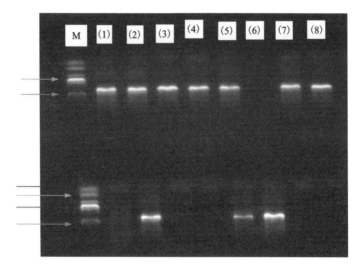

（1）空白；（2）UV+氯（0.5 mg/L）；（3）UV+氯胺（1.0 mg/L）；（4）UV+二氧化氯（0.25 mg/L）；

（5）UV；（6）UV+氯（1.0 mg/L）；（7）UV+氯胺（2.0 mg/L）；（8）UV+二氧化氯（0.5 mg/L）。

图 6-5　生物膜总 DNA 的提取

（4）DGGE 胶的制备

DGGE 胶配方如表 6-3 所示。

表 6-3　DGGE 胶配方组成

胶浓度/%	0	90
配方	40%聚丙烯酰胺/甲叉双丙烯酰胺 20 mL	40%聚丙烯酰胺/甲叉双丙烯酰胺 20 mL
	50×TAE 2 mL	50×TAE 2 mL
	去离子水 78 mL	去离子甲酰胺 36 mL
		尿素 37.8 g
	去离子水定容至 100 mL	去离子水定容至 100 mL

试验中所用的 8%聚丙烯酰胺的变性梯度浓度为 35%～55%，因此试验中采用胶的低浓度为 35%，高浓度为 55%。用 0%和 90%的胶配制比例如下：

低浓度(35%)：8.556 mL 0%+5.444 mL 90%+80 μL APS+12 μL TEMED。

高浓度(55%)：8.556 mL 90%+5.444 mL 0%+80 μL APS+12 μL TEMED。

(5)PCR 产物的 DGGE 分析

不同季节生物膜中微生物多样性 DGGE 图谱如图 6-6 所示，生物膜菌种如表 6-4 所示。

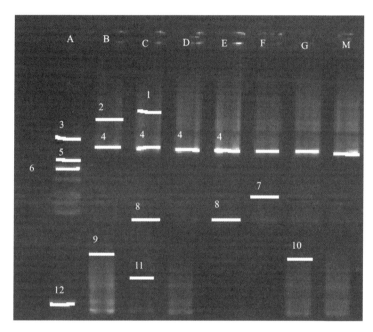

图 6-6 不同季节生物膜中微生物多样性 DGGE 图谱

表 6-4 生物膜菌种一览表

条带编号	菌种描述	登录号	相似度
1	Uncultured Acidobacterium group bacterium clone FTLM5 16S ribosomal RNA gene, partial sequence	AF529125.1	98%酸杆菌属
2	Sediminibactium sp. TEGAF015 gene for ribosomal RNA, partial sequence	AB470450.1	100%不可培养菌属
3	Uncultured Rhodocycuus sp. clone W4s6 16S ribosomal RNA gene, partial sequence	GU560169.1	99%红环菌属

续表6-4

条带编号	菌种描述	登录号	相似度
4	Uncultured gamma proteobacterium clone TH－g61 16S ribosomal RNA gene, partialsequence	EU980246.1	100%变形菌属
5	Comamonadaceae bacterium I-Bh25-7 partial 16S rRNA gene, isolate I-Bh25-7	FN555405.1	100%丛毛单胞菌科
6	Uncultured Proteobactrium clone Hmd12B59 16S ribosomal RNA gene, partial sequence	EF196955.1	99%变形菌属
7	Uncultured beta proteobactrium gene for 16S rRNA, partial sequence, clone：Jy04A26	AB591395.1	97%变形细菌
8	Uncultured beta proteobactrium bacterium 16S rRNA gene from clone QEDR1CF07	CU922128.1	98%变形杆菌
9	Uncultured Rhodocyclaceae bacterium clone A26 16S ribosomal RNA gene, partial sequence	GU255493.1	98%红环菌科
10	Uncultured Nitrosospira sp. isolate DGGE gel, partial sequence	FJ483762.1	96%红环菌属
11	Desulfovibrio sp Mlhm 16S ribosomal RNA gene, partial sequence	AF193026.1	99%柄杆菌科
12	Bactrium enrichment culture clone DPHG05 16S ribosome RNA gene, partial sequence	GQ377120.1	100%假单胞菌属

分析结果：

①给水管网管壁生物膜中微生物多样性较丰富，本试验模拟管网管壁生物膜中的微生物有10余种，超过平板培养得到的细菌总数所能检测到的数量，但是与真实的给水管网相比要少，主要原因是培养的时间短，而且水质较好，且反应器管壁是玻璃的，微生物种类少。

②每种消毒方式消毒后得到的DGGE图谱都有条带，说明不同消毒方式产生的生物膜都存在微生物，单靠消毒无法抑制生物膜的生长。

③7个样品的DGGE图谱中都包含M4，且条带都较亮，说明此菌是优势菌，Bta-和Gamma-亚群数量最多，现最多的是变形杆菌(*gamma proteobacterium*)，为生物膜上最主要的优势菌种。

④研究生物膜样品的 DGGE 图谱,不同样品的 DGGE 图谱中反映出的条带数目也是不同的。影响生物膜种群的因素很多,管壁生物膜的菌种多样性和细菌数量没有明显的相关性。

6.6　本章小结

本章通过扫描电镜技术直观反映使用不同消毒剂后生物膜表面形貌的变化特征,通过原子力显微镜研究了生物膜的三维形状特征,通过对生物膜的分子量分布测定及荧光光谱分析,探讨了生物膜的有机组分结构及荧光特征,得出主要结论如下。

①扫描电镜可以观察到 PVC 挂片上有生物膜生成,空白对照挂片的生物膜比较均匀密实,UV 消毒能引起水中微量的有机物变化,增加水中营养物质,在生物膜形态上体现为比空白对照更密实。生物膜受到消毒剂的"攻击"后,外表显得松散而多孔:氯消毒后生物膜上的空隙表现为孔洞数量少而大;氯胺消毒后其独特的消毒机理使消毒剂能够"刺入"生物膜内部,因此体现为空洞数量多而小,且内部松散;二氧化氯消毒后的生物膜看起来凹凸不平,凸起很大。增加消毒剂能抑制生物膜上微生物的增长,进入生物膜内部,SEM 图上体现出比低浓度时更大的"侵蚀孔",图 6-1(f)~图 6-1(h)比图 6-1(b)~图 6-1(d)上的生物膜孔洞更大,生物膜的形态可能在其内部有所区别,需要进一步定量分析。

②原子力显微镜可以计算不同消毒方式生物膜的粗糙度,计算结果显示:不同的化学消毒剂产生的生物膜粗糙度不一样,氯胺消毒后的粗糙度最小,纵向高差最小,加大消毒剂浓度能增大生物膜的不均匀性。

③饮用水管壁生物膜 EPS 分子量分析表明,生物膜 EPS 含有分子量百万级以上的多种物质,分子量范围为 0~10000 kD,分布范围宽。

④荧光光谱分析表明,和进水相比,生物膜的 EPS 谱图中特征峰 B 的荧光强度增强到 238.38,增强了 5.44 倍,表明生物膜内色氨酸类蛋白质物质增多。生物膜的特征峰 T 的荧光强度达到了 226.14,而进水中特征峰 T 的值很低,说明生物膜内的微生物种类增多。源水中荧光强度很高的、表示富里酸的特征峰 A,生物膜中几乎没有响应,表示在寡营养环境中,在生物膜中的微生物充分利

用了进入生物膜的有机营养物质。

⑤给水管网管壁生物膜中微生物多样性较丰富，本试验模拟管网管壁生物膜中的微生物有10余种，超过平板培养得到的细菌总数所能检测到的数量，但是与真实的给水管网相比要少，主要原因是培养的时间短，而且水质较好，反应器管壁是玻璃的，微生物种类少。

⑥消毒后得到的 DGGE 图谱都有条带，说明每一种微生物都存在微生物，单靠消毒无法抑制生物膜的生长。

⑦7 个样品的 DGGE 图谱中都包含 M4，且条带都较亮，说明此菌是优势菌，Bta-和 Gamma-亚群数量最多，*gamma proteobacterium* 是生物膜上最主要的优势菌种。

⑧研究生物膜样品的 DGGE 图谱，发现在不同样品的 DGGE 图谱中反映出的条带数目也是不同的。影响生物膜种群的因素很多，管壁生物膜的菌种多样性和细菌数量没有明显的相关性。

第7章

饮用水管网智慧管理

7.1 饮用水管网智慧管理技术基础

7.1.1 地理信息系统

地理信息系统(geographic information system，GIS)是一种综合图形表达、空间数据分析和专业技术管理的计算机软件系统，以地形、地貌的测绘测量为基础，把海量数据存储于关系数据库中，应用数据库的存贮、搜索、分析等功能，通过图形、图表等计算机工具直观表达出来，为专业领域的应用提供辅助决策的工具系统。GIS广泛应用于资源管理、城市规划、环境评价、市政建设等领域。在饮用水供水管网领域中，可以通过GIS进行事故影响范围分析、用水量计算与预测、用水收费管理等。

GIS的功能主要表现在四个方面，即数据采集、图形表达、数据库管理与空间分析。数据采集是将地面实物的测量信息，以一定的格式，如数据、文字、图片、影像等，输入计算机中，这是建立GIS的第一步。图形表达是把地理信息通过"层"组织，并以透明的方式叠加，通过开关方式把想要展示的"层"表现出来。数据库管理是把所采集的信息，以一定的规则管理起来，便于不同目的的应用。图形中的一个点，不只是几何图形的一个点，还包括大量的属性信息。通过数据库管理功能，可以方便检索、提取、修改和应用等。空间分析是GIS的最终目标。通过空间分析，把系统中的点、线、面、物体等结合在一起，从而实现专业分析功能，如可以通过拓扑分析、确定节点和管线是否相连、两条管线是否相交相连、一个节点的服务面积上有多少个用户、一条管线施工的工程量大小等。

7.1.2 监视控制和数据采集系统与物联网

（1）监视控制和数据采集（SCADA）系统

SCADA（supervisory control and data acquisition）系统，即监视控制和数据采集系统，通过对现场的运行设备进行监视和数据采集，在专业分析的基础上，进行参数调节、信号报警、设备控制等操作。

SCADA 系统由如下几个子系统组成：

①人机交互界面，用于监测数据显示、中央信息处理和过程控制。

②实时控制系统，用于数据采集和控制指令传输。

③远程终端（remote terminal unit），与感知器相连，把监测信号转化成数据，并传送至实时控制系统。

④可编程逻辑控制器（programmable logiva controller），用于现场设施，比专用 RTU 经济实惠，适用性广。

⑤通信系统，用于实时控制系统和远程终端之间的数据通信。

SCADA 系统采集的数据是基于时间序列的，不同的终端可能采集不同的数据，如节点水压、阀门处的阀门开启度、泵站处的水泵开关和转速、管段处的流量等。由于信号格式和时间的不一致，接收的信息往往以 ASCII 文本的格式存放在不同的文件之中，应用时必须进行必要的数据管理与处理。

SCADA 系统应用的一个关键问题是噪声处理。在数据传输过程中，会存在大量的错误，如某个点的数据没有传送出来、某个点的设备故障、时间错位、监测数据异常等。在应用时，必须对数据进行噪声处理，才能做到既不错过重要信号，又能对捕捉的实时信号给出正确的指令。

在给水管网运行管理方面，SCADA 系统广泛应用于辅助调度决策方面。在给水管网模型应用方面，SCADA 系统的重要作用之一就是校核模型系统，使模型与物理系统相吻合，从而能够通过模型系统准确预测下一时刻管网的运行状态。但是结合物联网的给水系统管网优化调度目前刚刚兴起，今后依然是管网工作者的努力方向。

（2）物联网（internet of things）

物联网是通过各种信息传感设备，如传感器、射频识别（RFID）技术、全球定位系统等装置与技术，实时采集任何需要监控、连接、互动的物体或过程中需要的各种信息，并与互联网组合形成一个物物相连的网络，其目的是通过物与物、人与物、物与网络的互动，实现对物体的识别、管理和控制。SCADA 系统是物联网的一种，从技术架构上来看，物联网可分为三层：感知层、网络层和应用层。感知层由各种传感器以及传感器网关构成，包括给水管网系统的水压传感器、水质传感器、水位传感器、阀门等设备的二维码标签、RFID 标签和读写器、摄像头、GPS 等感知终端。感知层的功能是识别物体、采集信息。网络层由各种专用网络、互联网、有线和无线通信网、网络管理系统和云计算平台等组成，负责传递和处理感知层获取的信息。应用层是物联网和用户的接口，它与行业需求结合，实现物联网的智能应用，如给水管网系统的调度管理模型应用、资产管理等。由于给水管网模型系统中存在大量不确定信息，如节点用水量、管段摩阻系数、用水量变化系统、阀门开启度等，而物联网技术的应用可以提供准确的实测信息，从而为给水管网系统的精细化和准确化管理提供科学依据，如智能水网系统、自动抄表系统、优化调度系统等。

7.2　饮用水管网水力模型

7.2.1　饮用水管网水力模型概述

（1）饮用水管网建模技术发展历程

饮用水管网建模与模型校核是模型能否很好应用的关键，其成功与否关系到其生命周期内各项工作的准确度与合理性。模型的作用不仅是调度与检漏，还包括规划、设计、应急处理、日常维护等用途。给排水科学与技术的发展始终伴随人类文明的发展历程，从古埃及、古罗马文明到现代社会，给排水科学与技术的发展史都是历史发展的一个重要组成部分。自美国发明 ENIAC 计算机以及 Hardy Cross 于 1935 年建立以管网水力计算方法以来，给排水模型系统一直随着计算机科技的发展而发展。1965 年，Don J. Wood 提出数字模型方法，并开发出 KYPIPE 系统，开启了现代给排水管网系统模拟技术的先河。

1974 年 9 月，同济大学杨钦教授编写的"749"计算程序开启了我国在这一领域的研究，而最有影响的"7512"计算程序是我国给水管网模拟技术的里程碑。

世界上给排水管网模拟技术从科研到商品化也经历了一个漫长的过程。1965—1983 年，世界范围内涌现了数百篇有影响力的研究论文，在各个研究领域提出各种各样的计算方法、优化理论和实际应用成果等，其中，最有影响力的就是节点计算法和有限元分析优化技术。1993 年，美国环境保护局（EPA）开发了 EPANET，建立了饮用水水管网软件计算标准。目前，专业软件系统已经成为给排水企业不可缺少的工具，不管是设计、日常运行与维护，还是管理与技术监督，都是在模型的基础上进行，极大地节省了人力成本，提高了管理水平。

（2）饮用水管网建模技术

管网建模的第一步是确定数据源。数据源从最初的数据文件输入，到施工图纸处理、卡片输入，再到现在的 CAD 图转化、GIS 数据、航空照片、Google Map、Google Earth 等数据源。建模过程的数据处理就是把各种数据源信息通过专业的分析与综合，在管网模型中反映表达出来，主要表现在以下几个方面。①模型与 GIS 系统集成：能够把地理地貌信息通过数字化处理转化成管网模型节点数据的地面标高；把管线图形信息转化成模型中的管线；把管配件信息转化成模型相应的元素。所有这些数据的处理都是一次连接，永远受益。例如，要把 GIS 数据库中的水塔点元素转化成给水管网模型的水塔，只需要把两个数据库相应的字段一一相连，系统就可以把 GIS 数据转化成模型数据。②节点流量分配：对于不同工作目标的模型，其节点流量分配方法也不同，常用的是水表数据源。对给水系统，直接把水表分配到节点上，这样可以随抄表周期而自动更新节点流量；对于污水系统，也可以利用给水抄表数据，以一定的损耗系数，按给水系统的方式计算污水量。其他节点流量分配方法，还有土地规划法、人口规划法、沿线流量法等。③模型简化：按照 GIS 数据的全面程度、管网规模和应用目标，对管网系统进行一定程度的简化，从而达到提高计算速度和减少工作强度的目的。模型简化按应用目的的不同而采用不同的简化方式，但一个总原则是水力条件不变。常用的简化方式有切除支管法、节点合并法、管线合并法等。④模型与 SCADA 系统集成：管网 SCADA 系统监测数据包括水量、水质、水压、水泵运行、水库水位等，在实际工作中如何应用，还存在很多问题。这些问题存在的原因之一就是 SCADA 没有与模型系统有效地结合。模型系统要按一定的原则，把实测数据与系统连接。

（3）饮用水管网模型应用技术

饮用水管网水力模拟是指用计算机技术来描述真实的饮用水管网，把管网中的各种运行状态用计算机方式表达出来。在现实情况下，无法也不可能真实、详细地知道管网的运行状态，如最大用水工况、消防工况、事故工况等，而通过计算机模拟，人们可以预测在可能情况下管网的状态，从而为管网的设计、运行、管理等提供科学依据。管网水力模拟的常规方式有三种，即稳定流状态、模拟延时状态和瞬变流状态。

①稳定流状态运行，是指在初始条件和边界条件恒定不变的情况下进行管网水力模拟，从而了解管网系统在相对稳定条件下的状态。这种运行适用于对最大用水、消防、管道冲洗等工况的分析。

②模拟延时状态运行，是指在人工确定初始边界条件下，系统模拟当前及以后一定时间段的管网运行状态。这种运行方式的基础仍然是稳定流理论，而不是动态模拟。这种运行方式适用于水塔水池的进出水过程、阀门的开关过程，以及节点流量变化过程等组合条件的工况分析。

③瞬变流状态运行，是指在人工确定初始边界条件下，应用动态模拟理论，如特征线法（metho of characteristic，MOC）或声波法（method of wave，MOW）模拟下一短时间段的管网运行状态。这种方法适用于水泵启闭、断电、阀门操作等条件下产生的水锤分析。

（4）基于 SCADA 系统监测数据的模型校核

模型校核是模型应用成功与否的关键。如果模型与现实存在很大的差距，则在模型基础上所做的一切工作，其指导性和可靠性都将受到质疑。但要使模型与现实完全吻合，又几乎是不可能的。在实际工作中，要结合监测数据，调整各个参数，使模拟结果与实测数据尽可能地接近。校核的方法，可以参考如下几个步骤。

①输入错误检查：基础数据输入错误。水力计算后，人工检查节点流量和水压、管线流量和流速等最大值和最小值，对结果不合理的节点、管段等进行检错分析（节点流量和地面高程输入错误、管径输入错误、摩阻输入错误、阀门状态错误、水塔设置错误、水泵状态错误、水泵特性曲线错误、防护设施状态错误等）。

②低谷用水工况校核：此时的用水量较小，计算结果与实测数据相近度低，检查数据差别较大的节点和管段是否存在基础数据输入错误，并记录差别

较大的节点和管段。

③高峰用水工况校核：此时的用水量较大，计算结果与实测数据差别较大，检查数据差别大的节点和管段的基础信息，改正所有输入错误，并记录差别大的节点和管段。

④参数调整校核：利用前面的分析结果，对节点、管段等进行一定的分组处理，目的是减少计算量。通过一定的技术（最常用的是遗传算法），对节点流量、管道摩阻、水泵特性曲线、控制与防护设备状态等进行调整，从而达到模拟结果与实测数据最接近的目的。

（5）饮用水管网优化设计

基于饮用水管网水力模型的优化设计，可遵循现状分析、规划设计和多方案比较的原则进行。现状分析是利用校核过的模型，对模拟结果进行分析，找出系统的薄弱环节和瓶颈点，如管径太小和摩阻系数超出正常范围的管、水压太低和可能存在漏损的点、出水量和水压与特性曲线不一致的泵等，并提出实地勘察测量的地区和范围以及改造方案和措施等。

规划设计是在城市规划、区域规划和用地规划的基础上，在现状分析结果的指导下，进行饮用水管网的近期和远期规划设计。规划设计一般要遵从近远结合、逐步实施和沿路敷设的原则，通过系统模拟，实现合理规划。

多方案比较是对规划、设计、施工等生命周期内的不同阶段，都要从技术、经济、管理、社会效益等不同角度，进行多方案比较，以选择最优方案。

（6）节水节能与漏损管理

分区供水有压力分区、水质分区、管理分区、行政分区等。不管何种分区方法，在现实情况下都是不容易做到的，但在模型中则非常容易做到。把所属区域的节点通过人工的方法赋予一定的区名，或通过阀门等控制元素，运行管网孤立分区分析，或通过 DMA 技术分区等。分区后，通过模型分析系统可以方便地进行水压和水量控制、管线及贮水量等计算。

管网漏损是供水企业最关心的问题，解决漏损的方法也多种多样，有听漏、超声波检漏、DMA 等，模型分析也是大范围检测漏损的方法之一。因为对实测数据要求高以及模拟计算量大等，模型检漏并不是非常成功，有待进一步研究。模型检漏，简单来说就是把实测数据与模拟结果进行比较，对节点流量或管道摩阻超出正常范围的地方进行量化分析，从而判断漏损的方法。

7.2.2　饮用水管网水力模型的应用

饮用水管网水力模型主要表达系统中各组成部分的拓扑关系和水力特性，将饮用水管网简化、抽象为管段和节点两类元素，并赋予工程属性，以便用水力学、图论和数学分析理论等进行表达和分析计算。建立饮用水管网水力模型的主要目的在于通过水力、水质分析结合图形技术，建立反映饮用水管网实际运行状态的计算机仿真模型，目的并不在于管网的管道、阀门等基础地理信息的掌握，而是聚焦于管网运行状态的模拟，为管理和控制人员提供全部管网范围内的压力、流量、流速、余氯变化等水力水质信息，为决策提供依据。管网水力模拟系统的功能从辅助给水管网运行管理和决策方面分为以下几个方面。

①管网静态信息管理：饮用水管网是一个包括水池、水泵、管道、阀门、水表等在内的复杂系统，特定规模的管网水力模型记录了上述各种管网组件的位置、属性和状态。在饮用水管网中可以方便地定位、了解这些管网组件。

②管网现状分析：饮用水管网的作用是为用户提供足够的水量、水压以及安全的水质。了解饮用水管网中水压、水量的分布对实现管网的可靠运行至关重要。了解管网压力分布，以设置测压点、测流装置的方法最为直接可靠，但测压、测流装置的数量有限，不能反映整个管网详细的水力状态。而管网水力平差可以弥补以上不足。由于给水管道一般埋于地下，而且埋设年代各不相同，在给水管网长期运行的过程中，可能存在管道严重锈蚀乃至破损、管道堵塞、阀门长期关闭或者近似关闭等不正常的情况。又由于给水管道埋设在地下，加上管网结构比较复杂，即使在管网存在少数测流、测压等监测仪表的情况下，技术人员也很难了解管网中管道水流流向、管网压力分布等动态水力信息，更难以发现实际管网中存在的上述问题。通过管网水力模拟，并与 SCADA 系统的实测数据相比较，可以全面了解管网的运行状况。

③管网实时水力模拟：建立准确可靠的管网模型后，可以实现管网实时动态水力模拟，连续 24 h 模拟管网运行状况，并通过与 SCADA 系统实时监测数据的比较，分析管网的用水量时变化模式，对水压过低的节点以及可能出现事故的管段进行报警，以便及时处理。

④管网优化规划与设计：饮用水管网建设费用巨大，同时其规划设计的合理与否直接关系到社会生产和居民生活。通过给水管网水力模拟系统可以更加科学地进行给水管网的规划与设计，合理地确定管网管径，降低管网造价以及

运行费用，提高管网运行的安全可靠性。

⑤管网优化调度：由于用水量随时间、季节、天气、经济发展等因素变化，如何在各供水厂之间合理调度，实现管网的合理经济运行是供水企业的主要任务之一。目前由于条件限制，普遍采用经验调度的方式。但建立完善的管网水力模拟系统后，可以了解执行调度指令后的整个给水管网的水力状态，从而辅助人工调度决策，同时也是进一步实现科学的计算机优化调度的基础。

⑥管网事故分析：管道陈旧、管网压力分布不均及施工等各种原因造成的管网爆管事故给用户带来了很多不便，同时也造成了大量的经济损失。通过对爆管时的管网进行水力模拟，可以分析爆管影响的服务区域，以便工作人员快速制订关阀策略，定位需要关闭的阀门，提高管网事故处理能力，提升管网服务质量。饮用水管网水力模拟系统功能结构如图 7-1 所示。

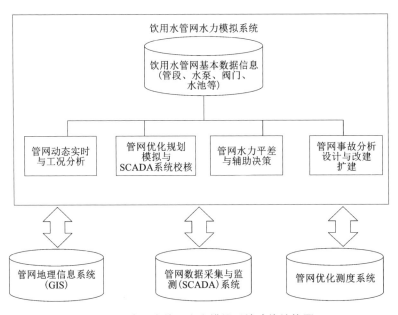

图 7-1　饮用水管网水力模拟系统功能结构图

7.2.3　数据收集与水力建模过程

饮用水管网模拟系统的建立依赖于对管网数据的准确收集，其中管网 GIS 为建模提供了大部分的管道、节点、阀门等静态数据，而用于模型校核的节点用水量、节点压力制等动态数据则可由管网 SCADA 系统提供。此外，管道测流、数字化水表等新型技术、设备的开发与应用，也为管网建模提供了越来越准确、可靠和丰富的数据支持，但在数据收集方面还存在着一些困难。

（1）饮用水管网 GIS 缺乏统一的行业标准

目前饮用水管网 GIS 在平台选用、开发方式、数据库选用等方面差异很大，所建立的管网 GIS 在系统升级与维护以及与其他系统交互等方面存在相当大的问题，大部分管网 GIS 仅限于管网基础数据资料信息的管理。供水行业投入大量的人力、物力通过购买地图、现场勘测、数据录入等建立的管网 GIS，不应仅限于简单的查询浏览，而应通过持续的维护、更新，保证 GIS 数据的时效性，同时积极开发、使用 GIS 所提供的高级分析功能，真正做到提高管网的信息化管理水平。鉴于此，积极发起并建立供水行业的 GIS 数据标准，统一规范包括数据编码、图层设置等核心内容的格式，对提高管网 GIS 的开发效率、增强 GIS 数据与其他系统数据的交互性能、减少重复开发具有极为重要的意义。

（2）管网建模尚存在许多困难

基础资料的准确性是建模工作的第一个难题。随着 GIS 的逐渐普及，管网基础资料将越来越符合实际，但仍然存在部分地下管网信息失真的问题。没有准确的管网资料，管网建模将失去意义。此外，管网模型的校核在理论和实际操作上都存在一定的复杂性。目前的管网模型校核尚缺乏一套成熟的操作流程，往往依靠针对某一管网的某些参数进行尝试性的调整，以使模拟结果与实际运行数据相符，而忽略了可能影响模型准确性的一些重要因素。例如，对模型校核来说，实际的运行工况分类测试以及实测数据的分析鉴别往往更为关键。在积累经验的基础上，探索并形成一套成熟的管网建模技术路线甚至更进一步上升为技术标准，是目前管网建模工作应重视的问题。

（3）SCADA 系统作用发挥尚不充分

SCADA 系统的重要作用是为管网模拟系统提供用于管网校核的各种工况实测数据，为管网优化调度中用水量预测提供历史用水量数据，监控管网中的压力变化，及时发现管网供水可能存在的问题。作为管网供水安全的重要保证措施，通过 SCADA 系统实时掌握管网中余氯等的浓度变化、保障管网的水质安全，与提供可靠合理的压力保障供水安全同样重要。

饮用水管网建模与调试是一个非常复杂的过程，需要正确的基础资料、可靠的数学模型，并经过不断迭代更新才能完成。建立管网模型的步骤如下。

1)饮用水管网资料收集。

这些资料通常包括：管网管道、阀门的设计施工图纸，管网的市政规划图纸，管网中水泵的水力特性曲线，泵房布置，水池的面积，池底标高，水厂日常运行数据(包括出水量、出厂压力、开关水泵记录等)，管网中测压点的压力记录，管网的用户抄表记录，管网的管道、阀门的事故及维修记录等。

2)建立管网模型拓扑结构。

通常可以通过数字化仪表输入或者建模软件与工程绘图软件(如AutoCAD)、地理系统软件(如 MapInfo)的图形接口来完成。同时，由于管网内部结构复杂，特定规模的管网模型只能对管网中既定管径的管网进行模拟计算，这就需要进行管网的结构简化工作。通常这些简化包括去除小口径枝状管、合并节点、合并邻近的平行管道等，在简化过程中还必须保留对管网水力状态有重要影响的管段、阀门或者大用户节点等。简化后需要对形成的管网图形进行元素的编号，一般来说饮用水管网对模型中元素的编号并无特殊要求，但考虑到统计水量、校核管道系数等后续工作的开展，合理且科学的编号会使建模和模型的校核工作更加快速有效地进行。

3)现场测试与模型校核。

在完成饮用水管网资料收集和模型输入工作后，要针对管网数据的完整性和准确性进行大规模的现场测试，这也是整个管网建模过程中最为复杂和耗费人力、物力的一个环节。现场测试主要包括以下主要内容。

①用水量统计。

由于城市管网中自来水用户的性质复杂，其用水规律也存在一定程度的差异，因此需要对不同性质的用户进行分门别类的用水量曲线的调查工作，结合在资料收集阶段所获得的抄表数据，进行管网用水量的统计、节点用水量的分配、各类节点的用水变化模式、管网总用水变化模式的调查等工作。

②管网测压与测流。

管网测压与测流数据是进行管网模型校核、衡量管网模型计算准确性的重要依据。管网的测压与测流可以在规定时间集中进行，也可以根据日常SCADA 系统数据整理得到。完善的 SCADA 系统是取得这些数据的重要渠道，在管网 SCADA 系统数据库中一般存储着管网日常运行中水厂的出水量、水厂水压、出厂水质、管网中测压点的压力、水厂内水泵的开关调度状态、水池或水库水位等数据。这些数据描述了管网当时的水力状态，只有在相同条件下，管网微观模型的水力计算结果与之相符合时，才可以说管网模型本身是准确的。当管网 SCADA 系统不完备时，也可以组织人力、物力对管网中的控制节点、典型管段进行集中测试，在测试时应注意测试过程的并发性，以确保所取得的数据来自管网的同一运行工况条件。

③水泵特性曲线的测试。

城市管网经过长时间运行，其供水水泵的水力特性大多已经发生改变，依靠水泵样本特性曲线不能描述当前水泵的水力特性，因此需要组织实测。准确的水泵特性曲线是正确建模的关键因素之一，也是优化调度计算的重要前提。

④管段摩阻系数的初步估计。

管段摩阻系数在建立管网模型过程中是一个不易准确测量的参数，需要在随后的管网模型校核过程中进一步校核。但在初步建模阶段，通过对管道切片管垢的厚度测量，结合管材以及相关的经验公式，可以对管段摩阻系数作出初步估计，这也是下一步对摩阻系数进行校核的基础。此外，现场测试还包括对管段长度、管径、阀门开启度、管道间的拓扑结构等的检查、校核。现场测试的工作做得越细致、准确，越有利于管网微观模型的建立，基于正确的管微观模型进行管网用水量预测和管网优化调度才有其真正的实际意义。

系统建模流程如图 7-2 所示。

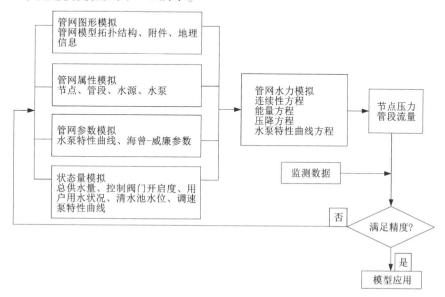

图 7-2　饮用水管网建模流程图

7.2.4 饮用水管网建模技术

(1)稳态水力模型

国外自20世纪70年代就开始了管网的微观模型研究。配水管网的微观模型是在尽可能考虑管网拓扑结构及管网各元素间的水力关系的基础上建立起的管网仿真模拟模型。建立管网微观模型常用的方法有节点方程法、管段方程法和环方程法。节点方程法是根据质量守恒定律,对于管网系统中任一节点,流进该节点的流量之和等于流出该节点的流量之和;管段方程法是应用连续性方程和能量方程,求得各管段流量和水头损失,再计算各节点水压;环方程法是指根据能量守恒定律,对于管网系统中的任一环,所有组成该环的管压降(即水头损失)代数和为零。微观模型能给出整个管网内部的工作状况,直观性强,但是建立微观模型的前提是管网拓扑结构比较清楚,各工况参数较易取得,并且管网规模较小,可以满足计算要求。对于完整的给水系统,其微观模型可描述如下。

节点方程: $$A\overline{O}=\overline{q} \tag{7-1}$$

回路方程: $$B\overline{h}=\overline{q} \tag{7-2}$$

压降方程: $$h=sQ^n \tag{7-3}$$

目前微观模型主要的求解方法有节点水压调整法、环流量调整法和管段流量调整法。管网微观模型是以管网拓扑结构为依据,应用水力学、网络图形理论和算法,进行给水管网中各管道、节点、区域的水量和压力动态模拟计算的模型。它可以求解管网中管段流量、节点压力、泵站流量和扬程,可以建立以管网供水电费最小和管网压力稳定安全为目标的优化调度模型,可以求解管网中泵站优化运行模式,达到管网优化调度的目标。

(2)瞬变水力模型

据有压瞬变流理论,在管道形状为圆形、棱柱形,流体可压缩性较低的情况下,有压瞬变流控制方程可表示为以水头 H 和流量 Q 为变量的一维双曲型偏微分方程组:

$$\begin{cases} \dfrac{\partial H}{\partial t} + \dfrac{a^2}{gA}\dfrac{\partial Q}{\partial x} = 0 \\[3mm] \dfrac{\partial Q}{\partial t} + gA\dfrac{\partial H}{\partial x} + \dfrac{fQ|Q|}{2DA} = 0 \end{cases} \tag{7-4}$$

式中：a——水锤波速，m/s；

f——Darcy-weisbach 摩阻系数；

A——管道断面面积，m^2；

D——管径，m；

g——重力加速度，m/s^2。

瞬变流建模分析步骤如下：

1）瞬变流计算范围的确定和管网自动识别。

根据给水管网的爆管分布规律，通过试运算来确定给水管网瞬变流分析的合理范围。确定了触发点和计算范围后，就可以进行管网自动识别。自动识别方法如下。

①为所有的稳态模型水力元素（如节点、管线、阀门、水泵、水池等）增加一个布尔型属性数据，作为瞬态建模标志，缺省值设为 0。

②以触发点为中心，对在此分析范围内的所有水力元素（节点、管段、阀门等）进行自动标示，将这些元素的信息由 0 改为 1。

③将范围内的所有元素与触发点节点做管网连通性分析，将与触发点不连通的元素的标志信息改回 0。

④标志信息仍为 1 的水力元素参与瞬变流计算。计算结束后所有水力元素的标志信息都改回 0。

2）瞬态模型的数据组织。

瞬态模型中的静态属性数据除继承稳态模型外，还必须补充更多数据才能够计算瞬变流。

3）初始条件和边界条件的确定。

瞬变流的模拟计算以初始条件作为迭代计算的基础，初始条件包括管线的初始流量、节点的初始压力、水泵和阀门的初始状态、水池的初始水位等，这些数据可以从稳态模型中获得。管网中的瞬变流都是在特定条件下发生的，瞬变流的计算必然与边界约束条件联系在一起。常见的边界约束条件包括管道变径点和交叉点、固定水位的水池、开度变化的阀门、工作状态改变的水泵等。

（3）瞬态模型系统参数的计算和估算

瞬态模型最重要的两个系统参数就是水锤波速和计算时间步长。

1）管网的水锤波速。

$$a = \sqrt{\dfrac{\dfrac{k}{\rho}}{1 + \left(\dfrac{D}{e}\right)\left(\dfrac{K}{E}\right)}} \qquad (7-5)$$

式中：a——水锤波速，m/s；

  ρ——液体密度，kg/m^3；

  D——管径，m；

  e——管壁厚，m；

  K——液体的体积弹性模量，N/m^2；

  E——管段的弹性模量，N/m^2。

根据上式的计算，水温20℃时钢管中的波速约为1000 m/s。实际上，对城市给水管网而言，受管材、水温、水流中含有的气体等因素的影响，管网中的波速一般很少超过1000 m/s。但由于最大水锤压力与波速呈正相关关系，因此为了加快计算速度并使计算结果偏于保守和安全，在计算中一般取水锤波速为1000 m/s。

2）管段的计算时间步长。

对复杂管道系统而言，各管道长度和水锤波速都不相同，求得一个合适的Δf通常很困难。但波速的计算本来也不精确，因此局部调整不会对最终结果产生显著影响，故一般以基准水锤波速为基础在一定幅度内修正波速值。

7.2.5　饮用水管网模型校验

（1）管网模型校验简介

目前，许多自来水公司引进先进设备和软件系统，投入大量的人力、物力和财力勘察清楚地下给水管网的分布、建立好饮用水管网地理信息系统（GIS）并试图用饮用水管网建模软件建立管网模型系统时，但常常发现管网模型难以实现规划、辅助调度和事故模拟等功能。究其原因，管网模型的建立是一个涉及大量城市管网基础数据的工作，在没有完善数据支持的情况下，管网模型很难达到预期效果。这些基础数据可以分为管网构造属性数据（包括静态数据和动态数据）、管网拓扑属性数据。一般而言，通过管网地理信息系统的建立获得管网的拓扑属性数据和主要的管网静态数据，通过营业收费数据获得用户用水量的空间分布，再通过抽样调查获得管段的粗糙度（管网构造属性数据）及用户用水量的变化模式（管网拓扑属性数据），最后在此基础上建立管网模型。其中，由于管道粗糙度难以全部测试，且用户用水量的时间、空间分布是经常变化的，所以不可避免地对管网模型的准确度产生影响。而目前我国供水行业的普遍情况是地下管网基础资料不完整甚至大面积缺失，管材、敷设年代、腐蚀情况不甚清楚，管网漏损率比较高，营业收费系统完善程度不够，用户用水模式情况不明，缺乏相应的调查数据。目前管网基础数据收集只能获得管网拓扑关系、管径、管长、地面标高、营业收费等最基本的数据，而对于管道粗糙度、用户用水模式等，一般只能通过抽样调查来获得特定时间的少量数据。由于管道腐蚀，管道粗糙度也逐年变化，对于水质稳定性差的地区，管道内壁情况更为复杂，甚至堵塞，更难获得准确的粗糙度。节点流量则随机性强，变动大，难以实测。

管网模型校验作为管网建模的重要环节，只有经过校验的管网模型才能运用到实际工作中，管网模型校验不仅需要丰富的工程实践经验，还需要掌握校验的方法和流程，用科学方法解决管网模型校验问题。但是，由于饮用水管网结构复杂、规模庞大、用水随机性强，并且管网中实测的压力、流量数据远小于待校验的参数数量，所以某些适合简单管网的校验方法运用到大型复杂的管网中效果不一定好，管网模型校验的技法与算法还在进一步探索中。

另外，当前城市给水管网的监测设备的标准是给水管网必须按供水面积每 10 km^2 设置 2 处测压点；供水面积不足 10 km^2 的，最少要设置 1 处测压点。而对于管网模型的建立，一般校核点数目应为管网模型节点数的 15% 以上，并且测点要均匀地分布在管网模型中。对于一个（50～100）万 m^3 的第二类供水企业，所建立的管网模型节点数为 1000～6000 个，这样 10% 的校核点数目为 100～600 个。目前国内大部分供水企业很难达到这个要求。

管网建模是一个系统工程，需要管理、技术和资金等许多方面的支持，模型校验是其中必不可少的一环，并且需要长期校验。保证模型的准确性，需要高度重视模型校验在管网信息化管理工作中的重要地位。

（2）管网模型校验方法

饮用水管网模型的应用关键在于模型的准确性，管网模型的准确程度主要由管网基础资料的准确程度决定，即管网构造属性数据和拓扑属性数据的准确程度。根据影响模型准确度的因素和程度的不同，可以对管网模型分别进行手工校验和自动校验。

手工校验是指对管网拓扑关系、管径、管长、阀门开启度、水泵特性曲线等相对确定因素的核查，以确保管网基础数据的准确性，同时还应包括对仪表准确性、实测数据的可信度的核查。对于手工校验检查发现的错误，可以通过现场勘测、经验分析等手段更正。

自动校验指在手工校验的基础上，对管网中管道粗糙度、节点流量等参数进行细微调整，使管网模型与实际管网的运行状况达到最大程度的吻合，也就是对影响模型准确性因素中的管道粗糙度及节点流量等不确定参数的准确估计，这也是给水管网理论研究领域的重要课题。

手工校验主要依赖大量的、细致的调查和现场测试，是一项复杂、烦琐的任务，很大程度上依赖于供水企业的资料的完备程度、技术水平、管理水平以及投入的人力和物力。对管网了解得越翔实、掌握的资料越完整、技术人员的经验越丰富，所建立的管网模型就越准确。手工校验的对象是管网中相对确定性的因素，如管网拓扑关系、管径、管长、阀门开启度、水泵特性曲线等。这些都是较为方便获得真实情况的参数，但常常由于人为的疏忽而导致数据错误，并且这些错误对模型的影响程度一般较大，如管网阀门开关状态不明、管网拓扑关系混乱等。手工校验的重点在于根据模型的模拟值和实测值差异较大的地方对相应的管网拓扑关系、泵站布置情况、管径、标高等数据进行排查，以发现问题，消除管网模型中较大的差异。

管网模型在手工校验结束后要进行自动校验，一般校验对象为管道粗糙度和节点流量，有的研究人员也考虑了因管道腐蚀引起的内径变化。因此，多数研究人员只考虑管道粗糙度和节点流量的影响。这两者的特点是难以全部实测，并较易变动。其中，管道粗糙度变化较为缓慢，可以通过抽样调查的方式获得少量数据，通过分组的形式推断管网中各类管道粗糙度的初值。目前，我国管网的年代久远、资料欠缺，且部分管线由于没有内衬，管道内壁情况复杂，使得管道粗糙度的推定更有难度。节点流量则由于数据量更为庞大，并且随机性强，只能通过统计规律获得均值估计值，同时对于某特定时间的模拟还受到当时的季节、气候、节假日等因素的影响。因此，自动校验的目的是对管道粗糙度和节点流量进行合理而准确的估计。自动校验在很大程度上依赖于所采用的校验方法和计算机的运算能力，如今，计算机技术的发展日新月异，其不再是研究工作中明显的瓶颈，因此，选择合适的校验方法更好地进行校验工作，是我们研究的重点。

　　针对上述情况，需要不断对管网模型进行修正，并且不能仅仅针对模型校验进行修正，还要以饮用水管网的 SCADA 系统实时监测的流量压力数据为基础，进行多工况和延时模拟动态校验。

　　(3)管网模型参数自动率定原理

　　管网模型中的管道粗糙度和节点流量是影响管网模拟精度的主要因素。管道粗糙度变化范围不大，随时间变化也非常稳定，而节点流量随时间和空间变化非常大。传统的管网建模过程中节点流量的校验是非常复杂的过程，需要进行现场实测并提取典型用水模式。然而现场实测所提取的典型用水模式往往不能准确反映所有节点的用水特征。模型校验时需要人工调整，节点数越多，复杂度越大，工作量很大，往往需要数月才能完成。即便经过校验的模型，一般在半年之后误差变大，也需重新校验，人力、物力投入很大，该问题一直是管网水力建模的瓶颈。为解决该问题，通过开展建立大规模管网节点流量的校验技术研究，解决了超大规模管网模型的节点流量校验技术，摆脱了烦琐的人工调试，实现了饮用水管网的快速校验。

　　通过建立 SCADA 系统监测数据为基础的实时节点流量校验系统，系统首先从 SCADA 系统提取实时的管网运行数据，然后在服务器上进行实时数据同化，对管网模型进行修正。修正后的模型进行水力平差，平差结果直接提供给客户端使用。

7.3　饮用水管网水质模型

7.3.1　饮用水管网水质模型概述

　　饮用水水质模型是描述水体中水质组分所发生的物理、化学、生物化学和生态学等方面的变化、内在规律和相互关系的计算机模型。水质模型可按其空间维数、时间相关性、数学方程的特征以及所描述的对象、现象进行分类和命名。根据空间维数可分为零维模型、一维模型、二维模型和三维模型；根据是否含有时间变量可分为动态模型和稳态模型；根据模型的数学特征可分为随机性模型、确定性模型、线性模型和非线性模型等。其目的主要是描述环境污染物在水中的运动和迁移转化规律，用于实现水质模拟和评价、进行水质预报和预测等。饮用水管网水质模型以水力模型为基础，模拟水质在饮用水管网中水的迁移、扩散过程中的变化规律。

（1）饮用水管网水质模型的发展

最早的水质模型是 Streeter 和 Phelps 在 1925 年建立的 Streeter-Phelps 公式，它是在美国俄亥俄河水质监测的基础上提出的 DO-BOD 数学模型，开创了水质模型的先河。至 20 世纪 60 年代，人们认识到河水的污染可导致饮用水的污染，于是开始了饮用水管网水质模型的研究，并用于预测用户通过饮用水管网摄入的污染物的量。20 世纪 80 年代初期，Don Wood 在长期饮用水管网水力模型研究的基础上，与美国环境保护局（EPA）共同研究，提出了饮用水管网稳态水质模型公式。在 1986 年的美国供水协会年会上，三个独立的研究团队分别提出了不同的饮用水管网动态水质模拟公式，从而开始了饮用水管网的动态水质模型研究。

1991 年的美国 AWWA 基金会和美国环保局（EPA）在辛辛那提联合年会上提出共同开发饮用水管网水力水质模型 EPANET 的技术攻关研究，成为饮用水管网模型史上的重要里程碑。经过两年的攻关研究，1993 年，美国环保局（EPA）正式推出了集水力和水质模型为一体的给水管网软件系统（EPANET），成为当今给水管网软件发展的标准和旗帜。2001 年，"911" 恐怖袭击事件之后，基于国家安全考虑，世界各国进行了饮用水安全研究，并评价各供水设施的安全程度，提出相关的技术标准等。这一时期的研究，大多仍是基于EPANET 的水质模拟工具进行的二次开发。至 2008 年，美国国土安全研究中心（NHSRC）推出 EPANET-msx，使饮用水管网系统可以同时进行多污染物的综合模拟。

（2）水质模型的主要作用

①设计和修改系统的运行方案，调节各供水水源的供水量。

②计算水龄，分析系统的变化效果，改变系统的运行方式以减小水龄。

③应用管网水质模型进行管网水质分析，是一种有效的描述污染物运动的管网水质控制工具，如为追踪污染物质的运动、混合及衰减情况设计解决对策。

④优化加氯位置及其投加量，保证系统余氯量，同时使消毒副产物最小化。确定水质风险域，建立水质预警预报系统，为给水管网系统管理提供决策

方案。

⑤为管网的日常维护、运行及管理提供决策依据。如借助模型寻找最佳的管道更换方案、管道改线方案、管道冲洗方案、评估系统对外来污染物的敏感程度等。管网水质数学模型是管理管网水质的一种很好的手段。

⑥借助水质模型，还可对水力模型进行校正，同时还可验证水质采样点布置的合理性。

（3）水质模型的校核

饮用水管网水质模型校核是保证水质模拟计算结果可接受与否的关键，如前所述，水力模型的校核是以 SCADA 系统监测点的水压和管段流量为目标，而水质校核将以监测点的余氯、三卤甲烷等的浓度为目标。水质模型校核方法主要有两种，即人工法和自动法。

人工法即人工调节影响水质模拟的相关参数，使计算结果与实测结果尽量吻合。人工法在很大程度上依赖于模型应用者用经验调整特定情况下水力和水质的特征参数，从而快速达到模拟精度要求。人工法耗时多，结果粗糙，大多数情况下不是全局最优解。因此，人工校核多作为自动校核的辅助手段。

自动法是以建立相应的目标函数为基础，采取相应的优化技术，如遗传算法、神经网络法、蚂蚁算法等，在海量工况计算的基础上，找出相应的最优参数。自动校核计算量大，结果比人工校核更优，速度更快。

（4）水质模型的应用

水龄模拟：水龄是指水在管网中的停留时间，是给水管网系统中其他一些消毒副产物（DBP）存在程度的指标，水龄越短，其危险程度越低。因此，如何调整水龄是水质模拟的一个重要指标。一般情况下，调整水龄的方法有优化管网冲洗点、管网边界处放水、增加水塔水的更换时间、调整水泵的运行、应用控制调整水流方向、减少死水区、多水源供水等。

物质浓度模拟：是指在试验理论分析的基础上，设定特殊物质（如氯、氟等）的传播特性，如扩散系数、反应级数、反应速率等，并对物质的投放点、投放方式加以设定，通过模拟可以预测某个特定时间段管网中节点和管网中物质的浓度，最常用的如水中余氯浓度模拟，用以保证管网水质。

污染物追踪模拟：用于确定管网中所有节点和管段处各个污染源来水的百分数。在管网中设置一个或多个污染源，通过一定时间段的污染物追踪模拟分析，研究各个节点处的来水比例，从而确定污染范围、影响人口、应采取的措施等。

水质监测点优化布置：用于准确掌握给水管网中水质情况，并且可以对可能出现的水质污染事件及时预警。确定最优监测点是非常富有挑战性的工作，因此，许多学者都在该领域做了大量的工作。如 Lee 和 Deininger 在 1992 年建立的整数规划优化法，Kumar 在 1997 年提出的启发式优化法，Al Zahrami 在 2001 年提出的遗传算法等。其优化目标也不尽相同，如基于污染时间最小的、基于影响人口最少的、基于监测点布置最少的等，这对物联网技术应用于水质监测又提出了更新的要求和技术需求。

7.3.2　饮用水管网水质模型建立

水质模型按所模拟管网的水力工况划分为稳态水质模型和动态水质模型。

（1）稳态水质模型

管网稳态水质模型是在静态水力条件下利用质量守恒原则，确定溶解物（污染物或消毒剂）浓度的空间分布，跟踪管网中溶解物的传播、流经路径和水流经管道的传输时间，用一组线性代数方程来描述某种组分在管网节点处的质量平衡。获得节点浓度以后可以利用组分节点方程的迭代法解稀疏矩阵，或者用简单图论单步替代过程等。

根据节点质量平衡，可写出典型的稳态水质模型如下：

$$(\sum QC)_{in} - (\sum QC)_{out} = Q_{ext} C_{ext} \qquad (7-6)$$

式中：Q——进入或流出节点的流量；

C——进入或离开节点的浓度；

Q_{ext} 和 C_{ext}——在节点处进入或离开系统的流量和浓度。

管网稳态水质模型为管网的一般性研究和敏感性分析提供了有效手段。稳态水质模型一般用在管网系统水质分析阶段。但目前已广泛认识到，即使管网运行状态接近恒定，在用户水量变化之前，管网中的物质没有足够的时间传播和达到某种均衡分布，因此，稳态水质模型仅能提供周期性的评估能力，对管网水质预测缺乏灵活性。

（2）动态水质模型

动态水质模型是在配水系统水力工况变化条件下，动态模拟管网中物质的移动和转变。变化因素包括水量变化、蓄水池的水位变化、阀门设置、蓄水池和水泵的开启与停止、应急需水量的变化等。管网水中物质的传输由三个基本过程组成：管段内物质的对流传输过程；物质动态反应过程；物质浓度在节点的混合。讨论管网水质模拟过程通常基于以下假设：

一是在一个水力时间段内，沿管道水流的对流传输过程是一维传输状态。

二是在管网交叉节点处，物质在节点断面上完全、瞬间混合，在节点的纵向传播和蔓延被忽略。

三是管网系统中的任何溶解物（如余氯、氟、氮等）的动态反应遵循一阶反应定律（指数衰减或指数增加）。

①水中溶解物质在管段里的扩散模型（普遍采用的是忽略分子扩散作用的一维推移扩散模型）：

$$\frac{\partial C_i}{\partial t} = -u_i \frac{\partial C_i}{\partial x} + r(C_i) \tag{7-7}$$

②物质在节点处的混合模型（瞬间完全混合模型）：

$$C_{i \mid x=0} = \frac{\sum Q_j C_j + Q_k C_k}{\sum Q_j + Q_k} \tag{7-8}$$

目前，出厂水余氯的控制大都在经验阶段，缺乏足够的科学依据。要想科学地优化加氯，首先必须了解余氯在管网中的衰减情况。配水管网的复杂性和余氯消耗反应的不确定性，使得氯衰减机理还不是很明确，众多学者经过大量研究，提出了各种各样的经验和半经验的氯衰减动力学模型。总的来说，模型参数越多、模拟的结果也就越准确，但也给参数的确定带来了更大的难度。因此，余氯衰减模型的技术关键就是确定一个最适合某管网的动力学模型，同时对模型中各参数值进行现场试验测定或者通过计算机进行动态模拟修正，使水质模型具有实用性。

管网水质数学模拟需要如下三类基础数据。

①水力学数据。

水质模型以水力模型的结果作为它的输入数据，动态模型需要每一管道的水流状态变化和容器的储水体积变化等水力学数据，这些数值可以通过管网水力分析计算得到。大多数管网水质模拟软件包都将水质和水力模拟计算合二为一，因为管网水质模拟计算需要水力模型提供的流向、流速、流量等数据，所以水力模型会直接影响到水质模型的应用。

②水质数据。

动态模型计算需要初始的水质条件。有两种方法可以确定这些条件：一是使用现场检测结果，检测数据经常用来校正模型。现场检测可以得到取样点的水质数据，其他点的水质数据可以通过插值方法计算得到。当使用这种方法时，对容器设备中的水质条件必须有很好的估计，这些数值会直接影响水质模拟计算的结果。二是在重复水力模拟条件下，以管网进水水质为边界条件，管网内部节点水质的初始条件值可以设为任意值，进行长时段的水力和水质模拟计算，直到水质以一种周期模式变化。应该注意的是，水质变化周期与水力变化周期是不同的。对初始条件和边界条件的精准估计应该可以缩短模型系统达到稳定的时间。

③反应速率数据。

水中物质的反应速率数据主要依赖于被模拟的物质特性，这些数据会随着水源、处理方法及管线条件的不同而不同。试验结果表明，测得的水中余氯量与时间成自然对数关系。反应速率为曲线上对应点的斜率。

7.4　本章小结

(1)饮用水管网智慧管理技术

常见的技术基础有 GIS 和 SCADA 系统，前者应用于数据采集、图形表达、数据库管理与空间分析等场景，后者常用于辅助调度决策中，是管网智慧管理的技术基础。

(2)饮用水管网模型

饮用水管网模型包括水力模型和水质模型两大类，模型可用于静态信息管理、现状分析、实时水力模拟、管网规划设计、调度和事故分析等。

参考文献

[1]刘文君. 给水处理消毒技术发展展望[J]. 给水排水, 2004, 31(1): 2-5.

[2]Zhu K, Fu X Y. Study on Disinfection and Anti-Microbial Technologies for Drinking Water [J]. Journal of Lanzhou Railway University, 2001, 1: 64-71.

[3]Sohn J, Amy G, Cho J, et al. Disinfectant Decay and Disinfection By-Products Formation Model Development: Chlorination and Ozonation By-Products[J]. Water Research, 2004, 38(10): 2461-2478.

[4]Giese N, Darby J. Sensitivity of Microorganisms to Different Wavelengths of UV Light: Implications on Modeling of Medium Pressure UV Systems[J]. Water Res, 2000, 34(16): 4007-4013.

[5]Vernhes MC, Benichou A, Pernin P, et al. Elimination of Free-Living Amoebae in Fresh Water with Pulsed Electric Fields[J]. Water Research, 2002, 36, (14): 3429-3438.

[6]Zimmer J L, Slawson R M, Huck P M. Inactivation and potential repair of Cryptosporidium parvum following low and medium-pressure ultraviolet irradiation[J]. Water Research, 2003, 37(14): 3517-3523.

[7]Craik S A, Finch G R, Bolton J R, et al. Inactivation of Giardia muris cysts using medium-pressure ultraviolet radiation in filtered drinking water[J]. Water Research, 2000, 34(18): 4325-4332.

[8]鄂学礼, 凌波. 饮用水对健康的影响[J]. 中国卫生工程学, 2006, 5(1): 3-5.

[9]Masschelein W, Rice R. Ultraviolet light in water and wastewater sanitation[J]. Water Research, 2002, 36(12): 3216-3224.

[10]Environmental Protection Agency(EPA). National Primary Drinking Water Regulations: Long term 1 enhanced surface water treatment rule. Dinal rule[J]. Fed Regist, 2002, 67(9):

1811-1844

[11]Smeets P W, Medema G J, van Dijk. The Dutch secret: how to provide safe drinking water without chlorine in the Netherlands[J]. Drink Water Engineering and Science, 2009, 2: 1-14.

[12]Pozos N, Scow K, Wuertz S, et al. UV disinfection in a model distribution system: biofilm growth and microbial community[J]. Water Research, 2004, 38: 3083-3091.

[13]Boe-Hansen R, Albrechtsen H J, Arvin E, et al. Bulk water phase and biofilm growth in drinking water at low nutrient conditions[J]. Water Research, 2002, 36(18): 4477-4486.

[14]Momba M, Cloete T, Venter S, et al. Evaluation of the impact of disinfection processes on the formation of biofilms in potable surface water distribution systems[J]. Water Science and Technology, 1998, 38(8-9): 283-289.

[15]Lund V, Ormerod K. The influence of disinfection processes on biofilm formation in water distribution-systems[J]. Water Research, 1995, 29(4): 1013-1021.

[16]Langmark J, Storey M V, Ashbolt N J, et al. The effects of UV disinfection on distribution pipe biofilm growth and pathogen incidence within the greater Stockholm area, Sweden [J]. Water Research, 2007, 41(15): 3327-3336.

[17]Lehtola M J. Impact of UV disinfection on microbially available phosphorus, organic carbon, and microbial growth in drinking water[J]. Water Research, 2003, 37(5): 1064-1070.

[18]Choi Y, Choi Y J. The effects of UV disinfection on drinking water qualityin distribution systems[J]. Water Research, 2010, 44(1): 115-122.

[19]Buchanan W. Fractionation of UV and VUV pretreated natural organic matter from drinking water[J]. environment science and technology, 2005, 39(12): 4647-4654.

[20]Rand J L, Gagnon G A. Chemical disinfection preceding UV treatment: an assessment of microbial regrowth in a model distribution system[J]. Journal of Water Supply: Research and Technology, 2008, 57(2): 19-26.

[21]Dystra T S. Impact of UV and secondary disinfection on microbial control in a model distribution system[J]. Journal of Environmental Engineering and Science, 2007, 6(2): 147-155.

[22]Wang X J. Synergistic effect of the sequential use of UV irradiation and chlorine to disinfection reclaimed water[J]. Water Research, 2012, 46(4): 1225-1231.

[23]Rand J L, Hofmann R, Alam M Z B, et al. A field study evaluation for mitigating biofouling with chlorine dioxide or chlorine integrated with UV disinfection[J]. Water Research, 2007, 41(9): 1939-1948.

［24］Murphy H M. Sequential UV and chlorine based disinfection to mitigate Escherichia coil in drinking water biofilms［J］. Water Research, 2008, 42(8): 2083-2092.

［25］Meunier L, Canonica S, von Gunten U. Implications of sequential use of UV and ozone for drinking water quality［J］. Water Research, 2006, 40(9): 1864-1876.

［26］Liu W, Zhang Z L, Yang X, et al. Effects of UV irradiation and UV/chlorine co-exposure on natural organic matter in water［J］. Science of the total environment, 2012, (414): 576-584.

［27］Liu W, Cheung L W, Yang X, et al. THM, HAA and CNCl formation from UV irradiation and chlor(am)ination of selected organic waters［J］. Journal American Water Works Association, 2002, 94(4): 138-145.

［28］Hijnen W A M. Inactivation credit of UV radiation for viruses, bacteria and protozoan cysts in water: a review［J］. Water Research, 2006, 40: 3-22.

［29］Sichel C, Garcia C. Feasibility studies: UV/Chlorine advanced oxidation treatment for the removal of emerging contaminants［J］. Water Research, 2011, 45: 6371-6380.

［30］何维华. 国内部分城市供水管网水质调研分析［J］. 给水排水, 1993, 19(11): 15-19.

［31］杜英林, 任立民. 浅析配水管网水质污染原因及防止措施［J］. 山东水利, 2001(9): 43-44.

［32］陈寅, 陈国光. 上海城市供水管网水质的调查分析［J］. 中国给水排水, 2002, 18(7): 32-34.

［33］Gofti-Laroche L, Demanse D, Joret JC, et al. Health risks and parasitical quality of water ［J］. Journal American Water Works Association, 2003, 95(5): 162-164.

［34］Morteza A, Mark L, Charles G. Occurrence of viruses in US groundwaters［J］. Journal American Water Works Association, 2003, 95(9): 107-110.

［35］Gary S L, Orren D S, George C B. Using History to Avoid Waterborne Disease Outbreaks ［J］. Journal American Water Works Association, 2004, 96(7): 66-72.

［36］Michael H K, Gustav Q, Philippe H, et al. Waterborne diseases in Europe—1986-96 ［J］. Journal American Water Works Association, 2001, 93(1): 48-56.

［37］Norton C D, LeChevallier M W. Chloramination: Its effect on distribution system water quality ［J］. Journal American Water Works Association, 1997, 89: 66-77.

［38］Neden D G, Jones R J, Smith J R. Comparing chlorination and chloramination for controlling bacterial regrowth［J］. Journal American Water Works Association, 1992, 84(7): 80-88.

［39］Volk C J, LeChevallier M W. Assessing biodegradable organic matter［J］. Journal American Water Works Association, 2000, 92(5): 64-65.

[40]Volk C J, Volk C B, Kaplan L A. Chemical composition of biodegradable dissolved organic carbon matter in streamwater[J]. Limnol Oceanogr, 1997, 42: 39-44.

[41]Bois F Y, Fahmy T. Dynamic modelling of bacteria in a pilot drinking water distribution system[J]. Water Research, 1997, 31(12): 5618-5623.

[42]Joret J C. Biodegradable dissolved organic carbon (BDOC) content of drinking water and potential regrowth of bacteria [J]. Water Science and Technology, 1991, 24 (2): 3165-3178.

[43]Dukan S, Levi Y, Pririou P, et al. Dynamic modelling of bacterial growth in drinking water net works[J]. Water Research, 1996, 30(9): 3748-3761.

[44]Laurent P, Servais P. Testing the SANCHO Model on Distribution Systems[J]. Journal American Water Works Association, 1997, 89(7): 5446-5459.

[45]马建薇. 供水管网水质生物稳定性及其影响因素的研究[J]. 哈尔滨工业大学学报, 2000(1): 20-23.

[46]LeChevallier M W. Coliform regrowth in drinking water: a review[J]. Journal American Water Works Association, 1990, 82: 74-86.

[47]Hemi L, Efraimen H. Assimililable organic carbon molecular weight fractions of natural organic matter[J], Water Research, 2001, 35(4): 1106-1110.

[48]van der Kooij D. Assimilable organic carbon as an indicator of bacterial regrowth[J]. Journal American Water Works Association, 1992, 84(2): 57-65.

[49]LeChevallier M W, Badcock T M, Lee R G. Examination and characterization of distribution system biofilms[J]. Applied and Environmental Microbiology, 1987, 53: 2714-2724.

[50]刘文君, 王亚娟, 张丽萍, 等. 饮用水中可同化有机碳(AOC)的测定方法研究[J]. 给水排水, 2000, 26(11): 1-5.

[51]Escobar I C, Randall A A. Assimilable organic carbon (AOC) and biodegradable dissolved organic carbon (BDOC) complementary measurements[J]. Water Research, 2001, 35(18): 4444-4454.

[52]Miettinen I T, Vartiainen T, Martikainen P J. Contamination of drinking water[J]. Nature, 1996, 381: 654-655.

[53]Lehtola M J, Miettinen I T, Vartiainen T, et al. A new sensitive bioassay for determination of microbilly available phosphorus in water[J]. Applied and Environmental Microbiology, 1999, 65 (5): 2032-2034.

[54]Sathasivan A, Ohgaki S. Application of new bacterial regrowth potential method for water distribution system—a clear evidence of phosphorus limitation[J]. Water Research, 1999,

33(1)：137-144.

[55]Kasahara S, Maeda K. Influence of phosphorus on biofilm accumulation in drinking water distiribution systems[J]. Water Science and Technology：Water Supply，2004，4(5-6)：389-398.

[56]于鑫，张晓健，王占生. 磷元素在饮用水生物处理中的限制因子作用[J]. 环境科学，2003，24(1)：57-62.

[57]Sang J Q, Zhang X H, Li L Z, et al. Improvement of organics removal by bio-ceramic filtration of raw water with addition of phosphorus[J]. Water Research，2003(37)：4711-4718.

[58]白玉华，杨艳玲，李星，等. 深度除磷提高水质生物稳定性的可行性探讨[J]. 北京工业大学学报，2006，32(7)：610-613.

[59]杨艳玲，李星，孙丽欣，等. 饮用水深度除磷替代药剂消毒作用可行性探讨[J]，哈尔滨工业大学学报，2006，38(12)：2139-2142.

[60]白晓慧，徐文俊. 供水管壁的磷释放对管网水质生物稳定性的影响[J]，中国环境科学，2009，29(2)：186-190.

[61]Rice E W, Scarpino P V, Logsdon G S, et al. Bioassay procedure for predlicting coliform bacterial growth in drinking water[J]. Environmenal Technology，1990，11：821-828.

[62]叶林，于鑫，施旭，等. 用细菌生长潜力(BGP)评价饮用水生物稳定性[J]. 给水排水，2007，33(11)：146-149.

[63]马颖，龙腾锐，方振东. 饮用水生物稳定性的评价体系[J]. 中国给水排水，2004，20(12)：96-98.

[64]Lehtola M J, Miettinen I T, Vartiainen T, et al. Changes in content of microbially, assimilable organic carbon and microbial growth potential during drinking water processing[J]. Water Research，2002，36：3681-3690.

[65]van der Kooij D. Assimilable organic carbonin drinking water[J]. Journal American Water Works Association，1990，70(13)，51-59.

[66]Fransolet G, Depelchin A, Villers G, et al. The role of biocarbonate in bacterial growth in oligotrophic water[J]. Journal American Water Works Association，1988，80(11)，57-61.

[67]Chu C, Lu C, Lee C. Effects of inorganic nutrients on the regrowth of heterotrophic bacteria in drinking water distribution systems[J]. Journal of Environmental Management，2005，74：255-263.

[68]Block J C, Haudidier K, Paquin J L, et al. Biofilm accumulation in drinking water distribution systems[J]. Biofouling，1993，6(4)：333-343.

［69］Batte M，Koudionou B，Laurent P. Biofilm responses to aging and to a high phosphate to drinking water on bacterial growth in slightly and highly corroded pipes［J］. Water Research，2001，35(4)：1100-1105.

［70］Block J C. Biofilms in drinking water distribution systems ［M］. Biofilm-Science Andtechnology：Kluwer Academic Publishers，Netherlands，1992.

［71］LeChevallier M W，Lowry C D，Lee R G. Disinfecting biofilm in a model dsitribution system ［J］. Journal American Water Works Association，1990，82(7)：87-99.

［72］Jegatheesan V，Kastl G，Fisher I，et al. Modeling bacterial in drinking water：effectof nutrients［J］. Journal American Water Works Association，2004，96(5)：129-141.

［73］LeChevallier M W，Cawthon C D，Lee R G. Factors promoting survival of bacteria in chlorinated water supplies［J］. Appl Environ Microbiol，1988，54(3)：649-654.

［74］Saravanan P，Nancharaiah Y V，Venugopalan V P，et al. Biofilm formation byPseudoalteromonas ruthenica and its removal by chlorine［J］. Biofouling，2006，22(6)：371-381.

［75］Camper A K，LeChevallier M W，Broadaway S C，et al. Growth and persistence on granular activated carbon filters ［J］. Applied and Environmental Microbiology，1985，50：1378-1382.

［76］Bonde G R，Bacteria in works and mains from ground water［J］. Aqua，1983，10(5)：237-239.

［77］van der Kooij D. Charcterization and classification of fluorescent pseudomonads isolated from tap water and surface water［J］. Antonie van Leeuwenkock，1979，45(2)：225-240.

［78］Burman N P. The occurrence and significance of actinomycetes in water supply［J］. Applied and Environmental Microbiology. 1992，52：978-986.

［79］贺北平. 水中有机物特性与饮水净化工艺相关性的研究［D］. 北京：清华大学. 2001.

［80］岳舜琳. 城市供水水质问题［J］. 中国给水排水，1997，13(增刊)：37-38.

［81］袁一星，赵洪宾. 给水管网生长环研究［J］，哈尔滨建筑大学学报，1998，31(1)：72-76.

［82］傅金祥，金成清，赵玉华. 居住区生活饮用水二次污染及防治对策研究［J］. 给水排水，1998，24(7)：55-59.

［83］Park S R，Mackay W G，Reid D C. Helicobater sp. Recovered from drinking water biofilm sampled from a water distribution system［J］. Water Research. 2001，35(6)：1624-1626.

［84］Quti M Z，Markku J L，Leena K K，et al. Soft desiposits the key for microbial growth in drinking water distribution networks［J］. Water Research，2001，35(7)：1757-1765.

[85] Amann R I, Ludwig W, Schleifer K H. Phylogenetic identification and in situdetection of individual microbial cells without cultivation [J]. Microbiology and Molecular Biology Reviews, 1995, 59(1): 143-169.

[86] 王建龙. 荧光原位杂交(FISH)技术检测水中大肠杆菌群的研究[J]. 中国生物工程杂志, 2004, 24(2): 60-73.

[87] 王建龙. PCR 技术检测水中大肠杆菌群的研究[J]. 中国生物工程杂志, 2004, 24(7): 60-64.

[88] 吴卿, 赵新华. 应用 PER-DGGE 研究饮用水中微生物的多样性[J]. 南开大学学报(自然科学版), 2007, 40(3): 92-96.

[89] 张锡辉, 王爽, 王慧, 等. 水厂处理工艺中的微生物群落结构特征研究[J]. 中国给水排水, 2007, 23(7): 36-40.

[90] Wellinghausen N, Frost C, Marre R. Deteetjon of legionellae in hospital water samples by quantitative real-time LightCyeler PCR[J]. Applied and Environmental Microbiology, 2001, 67(9): 3985-3993.

[91] Orita M, Suzuki Y, Sekiya T, et al. Rapid and sensitive detection of point mutations and DNA polymorphisms using the polymerase chain reaction[J]. Genomics, 1989, 5 (4): 874-879.

[92] 刘小琳, 刘文君, 顾军农, 等. 北京市给水管网管壁微生物膜群落[J]. 清华大学学报(自然科学版), 2008, 49(8): 78-81.

[93] 李俊, 赵新华, 吴卿, 等. API 在给水管网细菌多样性研究中的应用[J]. 中国卫生检验杂志, 2007, 17(5): 791-792.

[94] Kalmbach S, Manz W, Szewzyk U. Isolation of new species from drinking water biofilms and proof of their in situ dominance with highly specific 16S rRNA probes[J]. Applied and Environmental Microbiology, 1997, 63 (11): 4164-4170.

[95] Mathieu L, Block J C, Dutang M, et al. Control of biofilm accumulation in drinking water distribution system[J]. Water Supply, 1993, 11: 365-376.

[96] Srinivasan S, Harrington G W. Biostability analysis for drinking water distribution systems [J]. Water Research, 2007, 41(10): 2127-2138.

[97] Reilly J K, Kippen J S. Relationship of bacterial counts with turbidity and free chlorine in two distribution sustem [J]. Journal American Water Works Association, 1983, 75 (6): 309-312.

[98] Norton C D, LeChe vallier M W. Chloramination: its effect on distribution system water quality[J]. Journal American Water Works Association, 1997, 7: 66-77.

[99]Holden B, Greetham M, Croll B T, et al. The effect of changing inter-process and final disinfection reagents on corrosion and biofilm growth in distribution pipes[J]. Water Science and Technology, 1995(32): 213-220.

[100]Lehtola M J, Miettinen I T, Vartiainen T. Impact of UV disinfection on microbiallyavailable phosphorus, organic carbon, and microbial growth in drinking water[J]. Water Research, 2003(37): 1064-1070.

[101]Ndiongue S, Huck P M, Slawson R M. Effects of temperature and biodegradable organic matter on control of biofilms by free chlorine in a model drinking water distribution system[J]. Water Research, 2005(39): 953-964.

[102]Tsai Y P, Pai T Y, Qiu J M. The impacts of the AOC concentration on biofilm formation under higher shear force condition [J]. Journal of Biotechnology, 2004, 111 (1): 155-167.

[103]Niquette P, Servais P, Savoir R. Impacts of pipe materials on densities of fixed bacterial biomass in a drinking water distribution system[J]., 2000, 34(6): 1952-1956.

[104]McKnight D M, Boyer E W, Westerho P K. et al. Spectrofluorometric characterization of dissolved organic matter for indication of precursor organic material and aromaticity [J]. Limnology and Oceanography, 2001, 46: 38-48.

[105]Pullin N J, Cabaniss S E. Rank analysis of the pH-dependent synchronous fluorescence spectra of six standard humic substances[J]. Environmental Science and Technology, 1995, 29(6): 1460-1467.

[106]Chen W, Westerhoff P, Leenheer J A, et al. Fluorescence excitation-emission matrix regional integration to quantify spectra for dissolved organic matter [J]. Environmental Science and Technology, 2003, 37: 5701-5710.

[107]刘成, 高乃云, 蔡云龙. 不同消毒剂对饮用水生物稳定性的影响[J]. 西安冶金建筑大学学报, 2007, 39(2): 254-258.

[108]王丽花, 周鸿, 张晓建. 某市饮用水生物稳定性研究[J]. 给水排水, 2001, 27(12): 23-25.

[109]叶劲. 成都市自来水的生物稳定性研究[J]. 中国给水排水, 2003, 19(12): 45-47.

[110]李灵芝, 李建渠, 王占生. 不同消毒剂对饮用水中可同化有机碳的影响[J]. 环境污染与防治, 2005, 9: 457-459.

[111]Shaw J P, Malley J J P, Willoughby S A. Effect of UV irradiation on organic matter [J]. Journal American Water Works Association, 2000, 92(4): 157-167.

[112]刘文君. 饮用水可生物降解有机物和消毒副产物特性研究[D]. 北京: 清华大学,

1999：22-32.

[113]Bukhari Z, Hargy T M, Bolton J R, et al. Medium-pressure UV for oocyst inactivation [J]. Journal American Water Works Association. 1999, 91（3）：86-94.

[114]Clancy J L, Bukhari Z, Hargy T M, et al. Using UV to inactivate Cryptosporidium [J]. Journal American Water Works Association, 2000, 92（9）：97-104.

[115]Buchanan W, Roddick F, Porter N. Enhanced biodegradability of UV and VUV pretreated natural organic matter[J]. Water Science and Technology, 2004, 4（4）, 103-111.

[116]Buchanan W, Roddick F, Porter N, et al. Fractionation of UV and VUV pretreated natural organic matter from drinking water[J]. Environmental Science and Technology, 2005(39)：4647-4654.

[117]徐晓沐，高科达. 氯化消毒副产物及二氧化氯消毒剂的应用[J]. 化学与粘合, 2003, 25(6)：319-322.

[118]Chen J, LeBoeuf E J, Dai S. Fluorescence spectroscopic studies of natural organic matter fractions[J]. Chemosphere, 2003, 50(5)：639-647.

[119]王红武，李晓岩，赵庆祥. 胞外聚合物对活性污泥沉降和絮凝性能的影响研究[J]. 中国安全科学学报, 2003, 13（9）：31-34.

[120]Li X Y, Yang S F. Influence of loosely bound extracellular polymeric substances（EPS）on the flocculation, sedimentation and dewaterability of activated sludge[J]. Water Research, 2007, 41（5）：1022-1030

[121]Raman H, Sunl K N. Multivariate modeling of water resources time series using artificial neural network[J]. Hydrological Sciences Journal, 1995, 40(2)：145-163.

[122]Coble P G. Characterization of marine and terrestrial DOM in seawater using excitation-emission matrix spectroscopy[J]. MarChem, 1996, 51：325-346.

[123]高连敬，杜尔登，崔旭峰，等. 三维荧光结合荧光区域积分法评估净水厂有机物去除效果[J]. 给水排水, 2012, 38(10)：51-56.

[124]张永吉，刘文君. 紫外线对自来水中微生物的灭活作用[J]. 给水排水, 2005, 38(2)：25-31.

[125]朱志良，葛元新，马红梅. 不同分子质量区间腐殖酸的氯化反应特性研究[J]. 中国给水排水, 2008, 24(19)：101-105.

[126]白晓慧，孟明群. 城市供水管网水质安全保障技术[M]. 上海：上海交通大学出版社, 2002：62-63.

[127]孙文俊. 饮用水紫外线消毒生物安全性研究[D]. 北京：清华大学, 2009.

[128] 张永吉，周玲玲，李伟英，等. 氯对模拟管壁生物膜的氧化特性研究[J]. 环境科学，2009，(5)：68-74.

[129] 张永吉，胡领文，叶河秀. 紫外线消毒对水中余氯衰减规律的影响研究[J]. 给水排水，2011，37(8)：22-25.

[130] 李爽. 饮用水中 AOC 和 BDOC 变化规律及管网中细菌再生长的研究[D]. 北京：清华大学，2002.

[131] 陆继来. BGP 法测定饮用水的生物稳定性[J]. 中国给水排水，2008，24(6)：88-90.

[132] Hrudey S E, Hrudey E J. Safe Drinking Water-Lessons from Recent Outbreaks in Affluent Nations[J]. Water Research, 2004, 31：1870 -1876.

[133] Jin J, El-Din M G, James R. Bolton Assessment of the UV/Chlorine process as an advanced oxidation process[J]. Water Research, 2011, 45：1890 -1896.

[134] Watts M J, Linden K G. Chlorine photolysis and subsequent OH radical production during UV treatment of chlorinated water[J]. Water Research, 2007, 41：2871-2878.

[135] Wang D, Bolton J R, Hofmann R. Medium pressure UV combined with chlorine advanced oxidation for trichloroethylene destruction in a model water[J]. Water Research, 2012, 46(15)：4677-4686.

[136] Chu C, LuC, Lee C. Effects of inorganic nutrients on the regrowth of hetertrophic bacteria in drinking water distribution systems[J]. Journal of Environment Management, 2005, 74(3)：255-263.

[137] Lawrence J R, Swerhone G D W, Neu T R. A simple rotating annular reactor for replicated biofilm studies[J]. Microbiological Methods, 2000, 42：215-224.

[141] Nielsen P H, Jahn A, Palmgren R. Conceptual model for production and composition of exopolymers in biofilms[J]. Water Science and Technology, 1997, 36(1)：11-19.

[138] Flemming H C, Wingender J. Relevance of microbial extracellular polymeric substances (EPSs) - part Ⅰ：structural and ecological aspects[J]. Water Science and Technology, 2001, 43(6)：1-8.

[139] Wingender J, Grobe S, Fieldler S, et al. The effect of extracellular polysaccharides on the resistance of Pseudomonas aeruginosa to chlorine and hydrogen peroxide：an biofilms in aquatic systems[M]. Cambridge：Royal Society of Chemistry, 1999.

[140] 葛小鹏，汤鸿霄，王东升，等. 原子力显微镜在环境样品研究与表征中的应用与展望[J]. 环境科学学报，2005，25(1)：5-17.

[141] Coble P G. Characterization of marine and terrestrial DOM in seawater using excitation - emission matrix spectroscopy[J]. Marine Chemistry, 1996, 51(4)：325-346.

[142]董晓磊，信昆仑，刘遂庆，等. 基于 Matlab 的给水管网余氯衰减模拟[J]. 中国给水排水，2009，25(1)：49-52.

[143]何文杰. 给水管网动态模拟技术的研究[D]. 哈尔滨：哈尔滨建筑大学，2001.

图书在版编目(CIP)数据

饮用水输配安全与智慧管理／池年平著. —长沙：
中南大学出版社, 2022.11
　ISBN 978-7-5487-5024-6

　Ⅰ. ①饮… Ⅱ. ①池… Ⅲ. ①饮用水—输水—水处理
—安全管理②饮用水—配水—水处理—安全管理 Ⅳ.
①TU991.2

中国版本图书馆 CIP 数据核字(2022)第 135903 号

饮用水输配安全与智慧管理

池年平　著

□出 版 人	吴湘华
□责任编辑	刘颖维
□封面设计	李芳丽
□责任印制	唐　曦
□出版发行	中南大学出版社

　　　　　社址：长沙市麓山南路　　　　邮编：410083
　　　　　发行科电话：0731-88876770　　传真：0731-88710482

□印　　装	湖南省众鑫印务有限公司

□开　　本	710 mm×1000 mm 1/16	□印张 10.5	□字数 186 千字
□版　　次	2022 年 11 月第 1 版		□印次 2022 年 11 月第 1 次印刷
□书　　号	ISBN 978-7-5487-5024-6		
□定　　价	88.00 元		